U0173765

中 国 人 的 文 化 常 识 课

中国的建筑

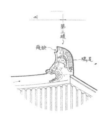

聂震宁◎主编

SPM 南方传媒
全国优秀出版社
全国百佳图书出版单位
广东教育出版社
·广州·

图书在版编目（CIP）数据

中国的建筑 / 聂震宁主编． — 广州：广东教育出版社，2024.1
（中国人的文化常识课）
ISBN 978-7-5548-5664-2

Ⅰ．①中… Ⅱ．①聂… Ⅲ．①古建筑－建筑史－中国－青少年读物
Ⅳ．① TU-092.2

中国国家版本馆 CIP 数据核字（2023）第 234351 号

中国的建筑
ZHONGGUO DE JIANZHU

出 版 人：朱文清

选题统筹：卜晓琰　周　莉

宣发统筹：袁梓圻　罗婷婷

产品经理：牟　璐　卓晓纯　杨柳婷

责任编辑：周　莉　卓晓纯

营销编辑：杨　洋　庄本婷　代京晶　陈柳茜

责任技编：许伟斌

装帧设计：肖晓文

责任校对：谭　曦

出版发行：广东教育出版社

（广州市环市东路472号12—15楼　邮政编码：510075）

销售热线：020-87615809

网　　址：http://www.gjs.cn

E-mail：gjs-quality@nfcb.com.cn

总 发 行：四川文轩在线电子商务有限公司

（四川省成都市金牛区文轩路6号）

印　　刷：广州市岭美文化科技有限公司

（广州市荔湾区花地大道南海南工商贸易区 A 幢）

规　　格：889 mm × 1280 mm　1/32

印　　张：8.5

字　　数：170 千

版　　次：2024 年 1 月第 1 版
　　　　　　2024 年 1 月第 1 次印刷

定　　价：59.80 元

如发现因印装质量问题影响阅读，请与本社联系调换（电话：020-87613102）

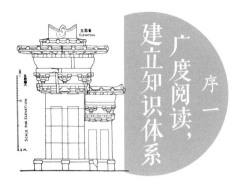

序 一

广度阅读，建立知识体系

在多年的全民阅读推广活动中，我有一个强烈的感受，就是大众读者对中华优秀传统文化的阅读需求越来越普遍，尤其是对其中的书法、美学、文学、建筑、音乐、戏剧、绘画等文化常识的兴趣特别强烈。

"中国人的文化常识课"是一套专为中国青年读者打造的文化常识普及读本。丛书内容涵盖中国书法、美学、文学、建筑、绘画、音乐与戏剧等，共六册，重点介绍了中国主要文化艺术的发展历程、不同流派风格、杰出艺术家及其作品等。丛书编写具有全面性、系统性和权威性，用生动有趣的语言、漫谈式的讲述方法、短小精悍的故事、丰富多彩的插图，帮助读者在不长的篇幅里知晓中国主要文化艺术的知识和内涵，了解古代艺术巨匠们的人生，深入鉴赏他们的作品，从而开阔视野、增长见识，提升文化修养，感受中华优秀传统文化的人文魅力。

"中国人的文化"按说应该包括中华民族全部的物质和精神活动，从狭义来说，则是中华民族精神生产能力和精神产品的全部。文化一般应包含哲学、历史、教育、科学、文学、艺术、卫生、体育等方面的内容。然而，考虑到当前社会大众的阅读兴趣，同时为了提升青年读者对文学艺术常识重要性的认识，我们还是按照当下社会行业的分类习惯，将文学艺术各领域归置于文化系统之下，称之为"中国人的文化"。这是需要向读者作出说明的。

中华文化博大精深，中国的文学艺术只是伟大的中华文化中不可或缺的璀璨瑰宝之一。近些年来，随着权威部门每年评选出若干以中华优秀传统文化为主题的"中国好书"，全民阅读出现了一系列弘扬中华优秀传统文化的品牌阅读活动。网络上相关的内容也日益增多。青年读者对于中国文化常识的阅读渴望，正在形成新的热潮。

读者阅读学习"中国人的文化常识课"丛书，不仅可以认识中国文学艺术的基本形式和样貌，了解经典文学艺术作品的基本内容，感受中国文学艺术作品表达的审美意境，学会辨别文学艺术作品中的优良和糟粕，更重要的是，还可以树立新时代中国人应有的文化自信和文化自强。

阅读学习"中国人的文化常识课"丛书，读者不仅可以学习到他们感兴趣的某一类或某几类文学艺术的基础知识，还可以奠定他们基础性文化常识的学习广度。在21世纪，单一的专业学习已经难以适应知识迭代的速度，学科交叉融合学习发展是大势所趋。开展宽广的常识教育，既能够帮助读者享受到中华优秀传统文化的审美愉悦，又能够引导他们在知识与知识之间得到复合性和关联性的启发，在现实社会生活与中华文化审美的相互观照、相互比较中学会鉴别。《礼记·学记》曰："知类通达，强立而不反，谓之大成。"《论衡》曰："博览古今者为通人。"读者通过这种广度阅读学习，将逐步形成自己的知识体系、价值理念、认知水准和审美能力。这是全面培养当代中国人综合素质的必要方式。

"中国人的文化常识课"丛书在策划之初，编写者们就把读者对象锁定在青年人身上，同时也希望为全民阅读中的社会各界读者提供一套通俗易懂的文化常识读物。为此，编写者们明确把可读性、系统性作为写作中的主要追求，既强调"知"的传授，又注重"识"的培养，尽力把知识讲得引人入胜、深入人心；既承认"知"的碎片性，又强调"识"的系统性，尽力把知识讲得连贯完整、全面系统。总之，编写者们努力把自己负责编撰的分册写得知识准确、架构合理、识见丰富、叙述系统、生动有趣，努力为当代读者奉献一套充盈历史意蕴和艺术灵气的文化普及读物。

编写者们努力了，相信读者一定会喜欢。

聂震宁

第十、第十一、第十二届全国政协委员

原中国出版集团公司总裁

韬奋基金会理事长

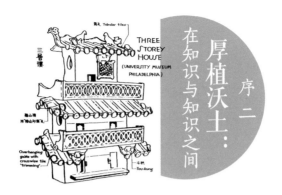

序二

厚植沃土：
在知识与知识之间

　　高品质的图书是精良的知识补给，对于基础教育至关重要。它应该是客观的、开阔的、系统的。这套"中国人的文化常识课"图书共六册，内容翔实，不仅涵盖了中国的文学、绘画、书法等基础内容，也包括中国的音乐、戏剧、建筑、美学等别具一格的知识领域。

　　系统的知识构成，体现出教育认知的深度。各分册之间的内在关联，则凸显出丛书的科学性和计划性。在这套书中，各领域知识之间不仅环环相扣，更是相互嵌套的。知识之间的这种线性链接和复合交错的双重属性，就是知识的基础结构，它是促成人类自主认知机制的内在支撑。比如丛书中《中国的美学》与《中国的文学》《中国的绘画》就是这种链接关系，美学史与文学史、绘画史之间，既是抽象和具体的关系，亦是文本和现实的对照。

　　精良的知识系统具有复合性，各知识领域之间彼此交叉、互为成全。建筑、戏剧等具有空间属性的艺术，本身便是社会现实的写照，体现了人类在自然条件下开拓和营造空间的能力。这种能力既得益于知识之间的相互结合，又是孕育新知识的母体。建筑艺术就是这方面的典型，它一方面依赖于知识的综合性，另一方面又营造了知识生产的文化生态，成为培育和娩出新知识的子宫。丛书中的分册《中国的建筑》着实令我欣喜，俨然显示出一种气象不凡的新型知识格局。

优质的系列丛书具备均衡性。就全民美育的目标而言，"大美育"是一个富于活力的概念，它为整体素质的提升创造了更为丰富的成长路径和进步空间。美育理应多元并举、触类旁通。文字艺术和图像艺术之间存在贯通的可能性，听觉艺术和视觉艺术之间也具有内在关联性。不同的感官是人类认知世界的通道和媒介，感官的开启和闭合都是阶段性的，令我们得以交替运用不同的方式去认知世界。因此，我们需要从小关照各种感官，启发、呵护、培植它们，令它们保持开启的可能性与敏感性，以便伺机而生、临机而动。

在一个人思维模式的形成过程中，理性思维是认知基础和养成目标，但感性思维亦不可或缺。理性影响着逻辑思维方式，感性则关乎灵气。文学、绘画、音乐及戏剧等领域的经典个案，皆渗透着情感的力量。每一种知识体系的形成都历经了漫长的演变过程，这就是历史。历史学习之所以重要，就在于理性观摩的积淀和感性思维的导向。由此，我们可以看到一种理性与感性反复交织的自生模型，并深得裨益。

苏 丹

中国工艺美术馆、中国非物质文化遗产馆副馆长

清华大学美术学院教授

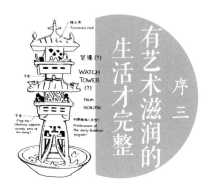

有艺术滋润的生活才完整

序 三

　　在人类历史的漫长岁月中，艺术一直伴随着人们的生存和发展。数千年来，不同地区、不同生活生产方式下的人们，无不拥有着各自不同形式的艺术。文学、戏剧、音乐、绘画、书法、建筑等艺术形式，不仅记录了人类自身的生产实践，更表达着他们代代相传的丰富想象力以及对理想信念、品德智慧的情感追求。

　　文化艺术活动反映人们的精神世界，是人类生活表象背后的精神轨迹，也是人类社会的内涵和价值取向。审美生活是人类生活中的高贵形式，没有艺术滋润的生活是不完整的。"仓廪实而知礼节，衣食足而知荣辱"是古人留给我们的箴言。子曰："志于道，据于德，依于仁，游于艺。"蔡元培先生认为，美育是最重要、最基础的人生观教育，"所以美足以破人我之见，去利害得失之计较，则其所以陶养性灵，使之日进于高尚者，固已足矣"。文化艺术是人类情感精神活动的结晶，是人类生活的高远境界。这种超越物质生活的精神层面之自由天地，就是文化艺术存在的重要意义。

　　在当今中国的社会生活中，孩子们学弹琴、学画画，参加各种艺术活动已非常普遍。为了提高学生的美育水平，学校有明确的目标要求和行动落实。在未来的中国，文化生活将会变得越来越重要。对当代年轻人来说，除提升职业技能之外，了解、速览各类艺术常识，借此快速提升气质修养、凝聚精神力量、积累学识认知，也可谓至关重要。

这套书的分册内容非常丰富，包括文学、绘画、书法、建筑、美学、音乐与戏剧等，知识性、专业性很强，但并不枯燥难懂。每本书看似体量不大，却是对该艺术领域发展史的高度概括和简述，直观清晰。从古至今，人类文明发展过程中曾对人的精神产生重要影响的各种艺术形式、观点、环节、人物、作品，如同被卫星定位和导航般，在此轮廓尽收，路径显现。

把数千年来的文化知识用通俗易懂的方式介绍给读者，不是一件容易的事。这不是一个简单的"浓缩历史"的工作，而是一项长期且艰难的系统工程。编者需要付出极大的耐心以及做大量的案头工作，必须分门别类，撷取精华，去伪存真，突出特点；同时还要让各文化领域间互为参照补充，遥相印证，力求准确表达。通过阅读这套文化常识书，读者可以了解、掌握必要的基础知识，从而理解人类精神情感生活来源的方方面面及发展脉络，可以开阔视野，增长见识，激发情趣，进而通过艺术理解生活，实属开卷有益。

通过阅读这套书，读者还可以发现这样一个现象：每当世界有了新的技术和情感记录方式时，文化艺术的创作风格就会另辟蹊径。所谓从物质文明到精神文明的飞跃，恰恰体现于此，而为什么说文化是现代社会的核心价值观和竞争力，也体现于此。

这套书图文并茂，读者通过阅读，熟悉了历史的内涵，有了坐标之后，再去博物馆、美术馆、大剧院、音乐厅感受、印证、共鸣一番，自然会轻松理解大量知识，甚至终生难忘。

我离开大学 30 多年了，读着这些文化常识，又重温了一遍人类文明进程中的许多重要故事，收获颇丰，感慨良多。我觉得这套书就是开启智慧的方便法门，如奉献给读者学习的精美"甜点"，老少皆宜，裨益生活。

安远远

中国美术馆党委书记

北京美术家协会副主席

中国博物馆协会美术馆专业委员会副主任兼秘书长

目录

CONTENTS

上编 林徽因说中国建筑

壹 独立源远：中国建筑之特征

贰

承继有序：
中国建筑发展的历史阶段

中国的建筑

2

下编 中国建筑四类

叁

土木相生：从低矮洞穴到巍巍宫殿

目录

肆

虽死如生：
帝王的地下世界

伍

出尘入世：
阿弥陀佛的殿堂

陆

天人合一：
以假乱真的山水园林

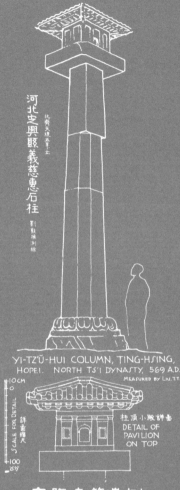

河北定興縣義慈惠石柱

北齊天統五年立

劉敦楨刊稿

YI-TZ'Ŭ-HUI COLUMN, TING-HSING,
HOPEI. NORTH TS'I DYNASTY, 569 A.D.

MEASURED BY LIU, T.T.

10 CM
0

SCALE FOR DETAIL

詳圖縮尺

100
公分

柱頂小殿詳圖
DETAIL OF
PAVILION
ON TOP

齊隋建築遺例

SOME ARCHITECTURAL
SPECIMENS OF THE
NORTH TS'I & SUI
DYNASTIES.

上编

林徽因说中国建筑

独立源远：
中国建筑之特征

中国建筑为东方最显著的独立系统，渊源深远，而演进程序简纯，历代继承，线索不紊，而基本结构上又绝未因受外来影响致激起复杂变化者。不止在东方三大系建筑之中，较其他两系——印度及阿拉伯——享寿特长，通行地面特广，而艺术又独臻于最高成熟点。即在世界东西各建筑派系中，相较起来，也是个极特殊的直贯系统。

壹

绪论 *

中国建筑为东方最显著的独立系统，渊源深远，而演进程序简纯，历代继承，线索不紊，而基本结构上又绝未因受外来影响致激起复杂变化者。不止在东方三大系建筑之中，较其他两系——印度及阿拉伯——享寿特长， 通行地面特广，而艺术又独臻于最高成熟点。<u>即在世界东西各建筑派系中，相较起来，也是个极特殊的直贯系统</u>。

大凡一例建筑，经过悠长的历史，多掺杂外来影响，而在结构、布置乃至外观上，常发生根本变化，或循地理推广迁移，因致渐改旧制，顿易材料外观，待达到全盛时期，则多已脱离原始胎形，另具格式。独有中国建筑经历极长久之时间，流布甚广大的地面，而在其最盛期中或在其后代繁衍期中，诸重要建筑物，均始终不脱其原始面目，保存其固有主要结构部分，及布置规模，虽同时在艺术工程方面，又皆

---

* 本章标题原为《论中国建筑之几个特征》，原载《中国营造学社汇刊》第三卷第 1 期，1932 年 3 月，作者署名林徽音。为使全书体例保持一致，且便于读者阅读，在不改变作者原意基础上，依原文自有之分节，为每一节内容拟定了一个小标题，同时依内容增补了相关的建筑实物照片，并对部分建筑术语、旧地名等作了补充说明。

图1 宁夏回族自治区银川市中华回乡文化园

无可置议地进化至极高程度。更可异的是：产生这建筑的民族的历史却并不简单，且并不缺乏种种宗教上、思想上、政治组织上的迭出变化；更曾经多次与强盛的外族或在思想上和平的接触（如印度佛教之传入），或在实际利害关系上发生冲突战斗。

这结构简单、布置平整的中国建筑初形，会如此的泰然，享受几千年繁衍的直系子嗣，自成一个最特殊、最体面的建筑大族，实是一桩极值得研究的现象。

虽然，因为后代的中国建筑，即达到结构和艺术上极复杂精美的程度，外表上却仍呈现出一种单纯简朴的气象，一般人常误会中国建筑根本简陋无甚发展，较诸别系建筑低劣幼稚。

这种错误观念最初自然是起于西人对东方文化的粗忽观察，常作浮躁轻率的结论，以致影响到中国人自己对本国艺术发生极过当的怀疑乃至鄙薄。好在近来欧美迭出深刻的学者对于东方文化慎重研究，细心体会之后，见解已迥异从前，积渐彻底会悟中国美术之地位及其价值。但研究中国艺术尤其是对于建筑，比较是一种新近的趋势。外人论著关于中国建筑的，尚极少好的贡献，许多地方尚待我们建筑家今后急起直追，搜寻材料考据，作有价值的研究探讨，更正外人的许多隔膜和谬解处。

在原则上，一种好建筑必含有以下三要点：实用；坚固；美观。实用者，切合于当时当地人民生活习惯，适合于当地地理环境。坚固者，不违背其主要材料之合理的结构原则，在寻常环境之下，含有相当永久性的。美观者，具有合理的权衡（不是上重下轻巍然欲倾，上大下小势不能支，或孤耸高峙或细长突出等等违背自然律的状态），要呈现稳重、舒适、自然的外表，更要诚实的呈露全部及部分的功用，不事掩饰，不矫揉造作，勉强堆砌。美观，也可以说，即是综合实用、坚稳两点之自然结果。

中国建筑，不容疑义的，曾经包含过以上三种要素。所谓曾经者，是因为在实用和坚固方面，因时代之变迁已有疑问。近代中国与欧西文化接触日深，生活习惯已完全与旧时不同，旧有建筑当然有许多跟着不适用了。在坚稳方面，因科学发达结果，关于非永久的木料，已有更满意的代替，对于构造亦有更经济精审的方法。

以往建筑因人类生活状态时刻推移，致实用方面发生问题以后，仍然保留着它的纯粹美术的价值，这是个不可否认的事实。和埃及的金字塔、希腊的巴瑟农（Parthenon）一样，北京的坛、庙、宫、殿，②是会永远继续着享受荣誉的，虽然它们本来实际的功用已经完全失掉。纯粹美术价值，虽然可以脱离实用方面而存在，它却绝对不能脱离坚稳合理的结构原则而独立的。因为美的权衡比例，美观上的多少特征，全是人的理智技巧，在物理的限制之下，合理地解决了结构上所发生的种种问题的自然结果。

人工创造和天然趋势调和至某程度，便是美术的基本，设施雕饰于必需的结构部分，是锦上添花；勉强结构纯为装饰部分，是画蛇添足，足为美术之玷。

中国建筑的美观方面，现时可以说，已被一般人无条件地承认了。但是这建筑的优点，绝不是在那浅显的色彩和雕饰，或特殊之式样上面，却是深藏在那基本的、产生这美观的结构原则里，以及中国人的绝对了解控制雕饰的原理上。我们如果要赞扬我们本国光荣的建筑艺术，则应该就它的结构原则和基本技艺

图2　北京故宫（局部）

设施方面稍事探讨；不宜只是一味的、不负责任的，用极抽象或肤浅的诗意美谀，披挂在任何外表形式上，学那英国绅士骆斯肯（Ruskin）对高矗式（Gothic）建筑，起劲地唱些高调。

建筑艺术是个在极酷刻的物理限制之下，老实的创作。人类由使两根直柱架一根横楣，而能稳立在地平上起，至建成重楼层塔一类作品，其间辛苦艰难的展进，一部分是工程科学的进境，一部分是美术思想的活动和增富。这两方面是在建筑进步的一个总题之下，同行并进的。

虽然美术思想这边，常常背叛他们的共同目标——创造好建筑——脱逾常轨，尽它弄巧的能事，引诱工程方面牺牲结构上诚实原则，来将就外表取巧的地方。在这种情形之下时，建筑本身常被连累，损伤了真的价值。在中国各代建筑之中，也有许多这样的例证，所以在中国一系列建筑之中的精品，也是极罕有难得的。

大凡一派美术都分有创造、试验、成熟、抄袭、繁衍、堕落诸期，建筑也是一样。初期作品创造力特强，含有试验性。至试验成功，成绩满意，达尽善尽美程度，则进到完全成熟期。成熟之后，必有相当时期因承相袭，不敢也不能逾越已有的则例；这期间常常是发生订定则例章程的时候。再来便是在琐节上增繁加富，以避免单调，冀求变换，这便是美术活动越出目标时。

这时期始而繁衍，继则堕落，失掉原始骨干精神，变成无意义的形式。堕落之后，继起的新样便是第二潮流的革命元勋。第二潮流有鉴于已往作品的优劣，再研究探讨第一代的精华所在，便是考据学问之所以产生。

中国建筑的经过，用我们现有的、极有限的材料作参考，已经可以略略看出各时期的起落兴衰。我们现在也已走到应作考察研究的时代了。在这有限的各朝代建筑遗物里，很可以观察、探讨其结构和式样的特征，来标证那时代建筑的精神和技艺，是兴废还是优劣。但此节非等将中国建筑基本原则分析以后，是不能有所讨论的。

中国建筑的主要材料与结构

在分析结构之前，先要明了的是主要建筑材料，因为材料要根本影响其结构法的。中国的主要建筑材料为木材，次加砖石瓦之混用。外表上一座中国式建筑物，可明显分作三大部：台基部分；柱梁部分；屋顶部分。台基是砖石混用。由柱脚至梁上结构部分，直接承托屋顶者则全是木造。屋顶除少数用茅茨、竹片、泥砖之外自然全是用瓦。而这三部分——台基，柱梁，屋顶——可以说是我们建筑最初胎形的基本要素。图3

《易经》里，"上古穴居而野处，后世圣人易之以宫室，上栋下宇，以待风雨"。还有《史记》里，"尧之有天下也，堂高三尺……"可见这"栋""宇"及"堂"（基）在最古建筑里便占定了它们的部位势力。自然最后经过繁重发达的是"栋"——那木造的全部，所以我们也要特别注意。

木造结构，我们所用的原则是"架构制"（Framing System）。在四根垂直柱的上端，用两横梁两横枋周围牵制成一"间架"，（梁与枋根本为同样材料，梁较枋可略壮大。在"间"之左右称柁或梁，在"间"之前后称枋）。再在两梁之上筑起层叠的梁架以支横桁（héng），桁通一"间"之左右两端，从梁架顶上"脊瓜柱"上次

图3　安徽黄山呈坎古村罗东舒祠
（为明代中后期砖木结构建筑）

第降下至前枋上为止。桁上钉椽，并排桁篦（bì），以承瓦板，这是架构制骨干的最简单的说法。总之架构制之最负责要素是：（一）那几根支重的垂直立柱；（二）使这些立柱，互相发生联络关系的梁与枋；（三）横梁以上的构造：梁架、横桁、木椽及其他附属木造，完全用以支承屋顶的部分。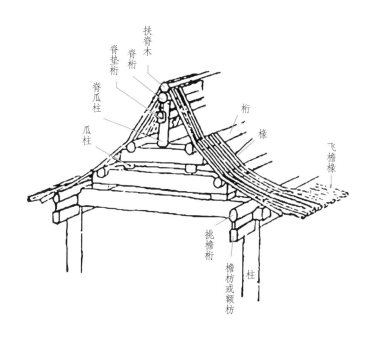图4

　　"间"在平面上是一个建筑的最低单位。普通建筑全是多间的且为单数，有"中间"或"明间""次间""稍间""套间"等称。

　　中国架构制与别种制度（如高矗式之"砌拱制"，或西欧最普通之古典派"垒石"建筑）之最大分别：（一）在支重部分之完全倚赖立柱，使墙的部分不负结构上重责，只同门窗隔屏

扶脊木
脊垫桁
脊桁
脊瓜柱
瓜柱
桁
椽
飞檐椽
挑檐桁
檐枋或额枋
柱

图4　架构制建筑的基本构成

等，尽相似的义务——间隔房间，分划内外而已。（二）立柱始终保守木质，不似古希腊之迅速代之以垒石柱，且增加负重墙（Bearingwall）致脱离"架构"而成"垒石"制。

这架构制的特征，影响至其外表式样的，有以下最明显的几点：（一）高度无形的受限制，绝不出木材可能的范围。（二）即极庄严的建筑，也是呈现绝对玲珑的外表。结构上既绝不需要坚厚的负重墙，除非故意为表现雄伟的时候，酌量增用外（如城楼等建筑），任何大建，均不需墙壁堵塞部分。（三）门窗部分可以不受限制，柱与柱之间可以完全安装透光线的细木作——门屏窗牖之类。实际方面，即在玻璃未发明以前，室内已有极充分光线。北方因气候关系，墙多于窗，南方则反是，可伸缩自如。

这不过是这结构的基本方面，自然的特征。还有许多完全是经过特别的美术活动，而成功的超等特色，使中国建筑占极高的美术位置的，而同时也是中国建筑之精神所在。这些特色最主要的便是屋顶、台基、斗拱、色彩和均称的平面布置。

曲线屋顶与屋瓦装饰物

屋顶本是建筑上最实际必需的部分，中国则自古，不殚烦难的，使之尽善尽美；使切合于实际需求之外，又特具一种美术风格。屋顶最初即不止为屋之顶，因雨水和日光的切要实题，早就扩张出檐的部分。使檐突出并非难事，但是檐深则低，低则阻碍光线，且雨水顺势急流，檐下溅水问题因之发生。为解决这个问题，我们发明"飞檐"，用双层瓦椽，使檐沿稍翻上去，微成曲线。又因美观关系，使屋角之檐加甚其仰翻曲度。这种前边成曲线，四角翘起的飞檐，在结构上有极自然又合理的布置，几乎可以说它便是结构法所促成的。图5

图5　江苏镇江金山寺的飞檐

如何是结构法所促成的呢？简单说：例如"庑殿"式的屋瓦，共有四坡五脊。正脊寻常称房脊，它的骨架是脊桁。那四根斜脊，称垂脊，它们的骨架是从脊桁斜角，下伸至檐桁上的部分，称由戗（qiàng）及角梁。桁上所钉并排的椽子虽像全是平行的，但因偏左右的几根又要同这角梁平行，所以椽的部位，乃由真平行而渐斜，像裙裾的开展。

角梁是方的，椽为圆径（有双层时上层便是方的，角梁双层时则仍全是方的）。角梁的木材大小几乎倍于椽子，到椽与角梁并排时，两个的高下不同，以致不能在它们上面铺钉平板，故此必须将椽依次的抬高，令其上皮同角梁上皮平，在抬高的几根椽子底下填补一片三角形木板称"枕头木"。图6

这个曲线在结构上几乎不可信的简单和自然，而同时在美观方面不知增加多少神韵。飞檐的美，绝用不着考据家来指点的。不过注意那过当和极端的倾向常将本来自然合理的结构变成取巧与复杂。这过当的倾向，外表上自然也呈出脆弱、虚张的弱点，不为审美者所取，但一般人常以为愈巧愈繁必是愈美，无形中多鼓励这种倾向。南方手艺灵活的地方，过甚的飞檐便是这种证例。外观上虽是浪漫的姿态，容易引诱赞美，但到底不及北方的庄重恰当，合于审美的最真纯条件。

屋顶曲线不止限于挑檐，即瓦坡的全部也不是一片直坡倾斜下来。屋顶坡的斜度是越往上越增加。图7

这斜度之由来是依着梁架叠层的加高，这制度称做"举架法"。这举架的原则极其明显，举架的定例也极简单，只是叠次将梁架上瓜柱增高，尤其是要脊瓜柱特别高。

使檐沿作仰翻曲度的方法，在于增加第二层檐椽，这层椽甚短，只驮在头檐椽上面，再出挑一节。这样则檐的出挑虽加远，

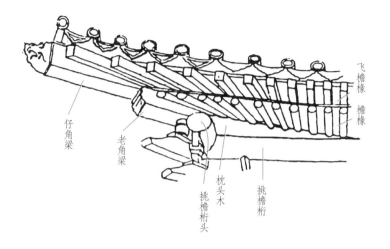

飞檐椽
檐椽
仔角梁
老角梁
枕头木
挑檐桁头
挑檐桁

图6 结构法促成飞檐的原理图

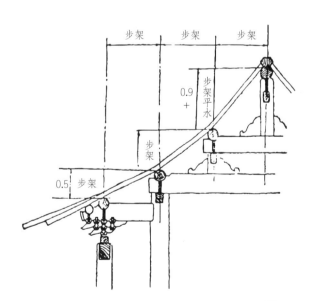

步架
步架
步架
步架平水
0.9
+
步架
0.5 步架

图7 步架举架图

而不低下阻蔽光线。

总的说起来，历来被视为极特异神秘之屋顶曲线，并没有什么超出结构原则和不自然造作之处，同时在美观实用方面均是非常地成功。这屋顶坡的全部曲线，上部巍然高举，檐部如翼轻展，使本来极无趣、极笨拙的屋顶部，一跃而成为整个建筑的美丽冠冕。

在《周礼》里发现有"上欲尊而宇欲卑；上尊而宇卑，则吐水疾而霤（liù）远"之句。这句可谓明晰地写出实际方面之功效。

既讲到屋顶，我们当然还要注意到屋瓦上的种种装饰物。上面已说过，雕饰必是设施于结构部分才有价值，那么我们屋瓦上的脊瓦吻兽又是如何？

脊瓦可以说是两坡相联处的脊缝上一种镶边的办法，当然也有过当复杂的，但是诚实地来装饰一个结构部分，而不肯勉强地来掩饰一个结构枢纽或关节，是中国建筑最长之处。

瓦上的脊吻和走兽，无疑的，本来也是结构上的部分。现时的龙头形"正吻"古称"鸱（chī）尾"，最初必是总管扶脊木和脊桁等部分的一块木质关键，这木质关键突出脊上，略作鸟形，后来略加点缀竟然刻成鸱鸟之尾，也是很自然的变化。其所以为鸱尾者还带有一点象征意义，因有传说鸱鸟能吐水，拿它放在瓦脊上可制火灾。图8

走兽最初必为一种大木钉，通过垂脊之瓦，至由戗及角梁上，以防止斜脊上面瓦片的溜下，唐时已变成两座宝珠在今之戗兽及仙人地位上。后代鸱尾变成龙吻，宝珠变成戗兽及仙人，尚加增戗兽、仙人之间一列走兽，也不过是雕饰上变化而已。

并且垂脊上戗兽较大，结束由戗一段，底下一列走兽装饰在

图8 琉璃鸱吻

角梁上面，显露基本结构上的节段，亦甚自然合理。

南方屋瓦上多加增极复杂的花样，完全脱离结构上任务纯粹的显示技巧，甚属无聊，不足称扬。

外国人因为中国人屋顶之特殊形式，迥异于欧西各系，早多注意及之。论说纷纷，妙想天开。有说中国屋顶乃根据游牧时代帐幕者，有说象形蔽天之松枝者，有目中国飞檐为怪诞者，有谓中国建筑类儿戏者，有的全由走兽龙头方面，无谓地探讨意义，几乎不值得在此费时反证。总之，这种曲线屋顶已经从结构上分析了，又从雕饰设施原则上审察了，而其美观实用方面又显著明晰，不容否认。我们的结论实可以简单地承认它艺术上的大成功。

斗拱：柱与檐的关节

中国建筑的第二个显著特征，并且与屋顶有密切关系的，便是"斗拱"部分。最初檐承于椽，椽承于檐桁，桁则架于梁端。此梁端即是由梁架延长，伸出柱的外边。但高大的建筑物出檐既深，单指梁端支持，势必不胜，结果必产生重叠的木"翘"支于梁端之下。但单借木翘不够担全檐沿的重量，尤其是建筑物愈大，两柱间之距离也愈远，所以又生左右岔出的横"拱"来接受檐桁。这前后的木翘，左右的横拱，结合而成"斗拱"全部（在拱或翘昂的两端和相交处，介于上下两层拱或翘之间的斗形木块称"枓"）。"昂"最初为又一种之翘，后部斜伸出斗拱后用以支"金桁"。图9

斗拱是柱与屋顶的过渡部分，使支出的房檐的重量渐次集中下来直到柱的上面。斗拱的演化，每是技巧上的进步，但是后代斗拱（约略从宋元以后），便变化到非常复杂，在结构上已有过当的部分，部位上也有改变。本来斗拱只限于柱的上面（今称柱头斗），后来为外观关系，又增加一攒所谓"平身科"者，在柱与柱之间。明清建筑上平身科加增到六七攒，排成一列，完全成为装饰品，失去本来功用。"昂"之后部功用亦废除，只余前部形式而已。图10

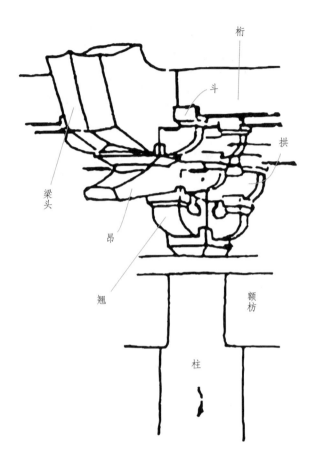

桁

斗

拱

梁头

昂

翘

额枋

柱

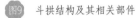 斗拱结构及其相关部件

"平身科"　　圗10　故宫武英殿的"平身科"斗拱（局部）

　　不过当复杂的斗拱，的确是柱与檐之间最恰当的关节，集中横展的屋檐重量，到垂直的立柱上面，同时变成檐下一种点缀，可作结构本身变成装饰部分的最好条例。可惜后代的建筑多减轻斗拱的结构上重要，使之几乎纯为奢侈的装饰品，令中国建筑失却一个优越的中坚要素。

　　斗拱的演进式样和结构限于篇幅不能再仔细述说，只能就它的极基本原则在此指出它的重要及优点。

　　斗拱以下的最重要部分，自然是柱，及柱与柱之间的细巧的木作。魁伟的圆柱和细致的木刻门窗对照，又是一种艺术上满意之点。不止如此，因为木料不能经久的原始缘故，中国建筑又发生了色彩的特征。涂漆在木料的结构上为的是：（一）保存木质抵制风日雨水，（二）可牢结各处接合关节，（三）加增色彩的特征。这又是兼收美观实际上的好处，不能单以色彩作奇特繁华之表现。

　　彩绘的设施在中国建筑上，非常之慎重，部位多限于檐下结构部分，在阴影掩映之中。主要彩色亦为"冷色"如青蓝碧绿，有时略加金点。其他檐以下的大部分颜色则纯为赤红，与檐下彩绘正成反照。<u>中国人的操纵色彩可谓轻重得当</u>。设使滥用彩色于建筑全部，使上下耀目辉煌，必成野蛮现象，失掉所有庄严和调谐。别系建筑颇有犯此忌者，更可见中国人有超等美术见解。图11

　　至彩色琉璃瓦产生之后，连黯淡无光的青瓦，都成为片片堂皇的黄金碧玉，这又是中国建筑的大光荣，不过滥用杂色瓦，也是一种危险，幸免这种引诱，也是我们可骄傲之处。

图11　颐和园长廊之邀月门彩画（局部）

托衬建筑的台基

还有一个最基本结构部分——台基——虽然没有特别可议论称扬之处，不过在全个建筑上看来，有如许壮伟巍峨的屋顶，如果没有特别舒展或多层的基座托衬，必显出上重下轻之势，所以既有那特种的屋顶，则必须有这相当的基座。架构建筑本身轻于垒砌建筑，中国又少有多层楼阁，基础结构颇为简陋。大建筑的基座加有相当的石刻花纹，这种花纹的分配似乎是根据原始木质台基而成，积渐施之于石。与台基连带的有石栏、石阶、辇道的附属部分，都是各有各的功用而同时又都是极美的点缀品。图12

台基

图12 故宫太和殿的台基（既可以加固建筑基座、防水防潮，又能起到美观作用，而且能够体现皇家威严）

均衡对称的布置原则

最后的一点关于中国建筑特征的，自然是它的特种的平面布置。平面布置上最特殊处是绝对本着均衡相称的原则，左右均分的对峙。这种分配倒并不是由于结构，主要原因是原始的宗教思想和形式、社会组织制度、人民俗习，后来又因喜欢守旧仿古，多承袭传统的惯例。结果均衡相称的原则变成中国特有的一个固执嗜好。

例外于均衡布置建筑，也有许多。因庄严沉闷的布置，致激起故意浪漫的变化；此类若园庭、别墅、宫苑楼阁者是平面上极其曲折变幻，与对称的布置正相反其性质。中国建筑有此两种极端相反布置，这两种庄严和浪漫平面之间，也颇有混合变化的实例，供给许多有趣的研究，可以打消西人浮躁的结论，谓中国建筑布置上是完全的单调而且缺乏趣味。但是画廊亭阁的曲折纤巧，也得有相当的限制。过于勉强取巧的人工虽可令寻常人惊叹观止，却是审美者所最鄙薄的。

中国建筑的优劣

在这里我们要提出中国建筑上的几个弱点：

（一）中国的匠师对木料，尤其是梁，往往用得太费。他们显然不明了横梁载重的力量只与梁高成正比例，而与梁宽的关系较小。所以梁的宽度，由近代的工程眼光看来，往往嫌其太过。同时匠师对于梁的尺寸，因没有计算木力的方法，不得不尽量地放大，用极大的 Factor of safety（安全系数，工程结构设计用以反映结构安全程度的系数），以保安全，结果是材料的大糜费。

（二）他们虽知道三角形是唯一不变动的几何形，但对于这原则极少应用。所以中国的屋架，经过不十分长久的岁月，便有倾斜的危险。我们在北平街上，到处可以看见这种倾斜而用砖墙或木柱支撑的房子。不惟如此，这三角形原则之不应用，也是屋梁费料的一个大原因，因为若能应用此原则，梁就可用较小的木料。

（三）地基太浅是中国建筑的大病。普通则例规定是台明高之一半，下面再垫上几点灰土。这种做法很不彻底，尤其是在北方，地基若不刨到结冰线（Frost Line）以下，建筑物的坚实方面，因地的冻冰，一定要发生问题。好在这几个缺点，在新建筑师的手里，并不成难题。我们只怕不了解，了解之后，要去避免或纠正是很容易的。

结构上细部枢纽，在西洋诸系中，时常成为被憎恶部分。建筑家不惜费尽心思来掩蔽它们。大者如屋顶用女儿墙来遮掩，如梁架内部结构，全部藏入顶篷之内；小者如钉，如合叶，莫不全是要掩藏的细部。独有中国建筑敢袒露所有结构部分，毫无畏缩遮掩的习惯，大者如梁，如橼，如梁头，如屋脊，小者如钉，如合叶，如箍头，莫不全数呈露外部，或略加雕饰，或布置成纹，使转成一种点缀。几乎全部结构各成美术上的贡献。这个特征在历史上，除西方高矗式建筑外，惟有中国建筑有此优点。图13

现在我们方在起始研究，将来若能将中国建筑的源流变化悉数考察无遗，那时优劣诸点，极明了地陈列出来，当更可以慎重

图13　罗东舒祠宝纶阁顶部的木雕彩绘

讨论，作将来中国建筑趋途的指导。省得一般建筑家，不是完全遗弃这已往的制度，则是追随西人之后，盲目抄袭中国宫殿，作无意义的尝试。

关于中国建筑之将来，更有特别可注意的一点：我们架构制的原则适巧和现代"洋灰铁筋架"或"钢架"建筑同一道理，以立柱横梁牵制成架为基本。现代欧洲建筑为现代生活所驱，已断然取革命态度，尽量利用近代科学材料，另具方法形式，而迎合近代生活之需求。若工厂、学校、医院，及其他公共建筑等为需要日光便利，已不能仿取古典派之垒砌制，致多墙壁而少窗牖。中国架构制既与现代方法恰巧同一原则，将来只需变更建筑材料，主要结构部分则均可不有过激变动，而同时因材料之可能，更作新的发展，必有极满意的新建筑产生。

承继有序：中国建筑发展的历史阶段

建筑是随着整个社会的发展而发展的。它和社会的经济结构、政治制度、思想意识与习俗风尚的发展有着密不可分的联系。经济的繁荣或衰落，对外战争或文化交流，以及敌人入侵等都会给当时建筑留下痕迹。因此，我们不能脱离这一切，孤立地去研究建筑本身的发展演化。那样我们将无法了解建筑发展的真实内容，不能得出任何正确的结论。

绪论*

建筑是随着整个社会的发展而发展的。它和社会的经济结构、政治制度、思想意识与习俗风尚的发展有着密不可分的联系。经济的繁荣或衰落，对外战争或文化交流，以及敌人入侵等都会给当时建筑留下痕迹。因此，我们不能脱离这一切，孤立地去研究建筑本身的发展演化。那样我们将无法了解建筑发展的真实内容，不能得出任何正确的结论。

中国建筑也是如此。它随着各个时代政治、经济的发展，也就是随着不同时代的生产力和生产关系，产生了不同的特点，但是同时还反映出这特点所产生的当时的社会思想意识和占统治地位的世界观。生产力的发展直接影响到建筑的工程技术，但建筑艺术却是直接受到当时思想意识的影响，只是间接地受到生产力和生产关系的影响的。

现在我们试将中国四千年历史中建筑的发展分成为若干主要阶段，将各个阶段中最有代表性的现存实物和文史资料中的重

---

* 本章标题原为《中国建筑发展的历史阶段》，原载《建筑学报》1954 年 12 月第 2 期，作者署名梁思成、林徽因、莫宗江。为使全书体例保持一致，且便于读者阅读，在不改变作者原意基础上，为文中起始部分的内容拟定了"绪论"小标题，同时依内容增补了相关的建筑实物照片，并对部分建筑术语、旧地名等作了补充说明。

要建筑与建筑活动的叙述加以分析，说明它们的特点，并从它们和整个社会发展状况相联系的观点上来了解观察这些特点：看它们是怎样被各个不同时代的劳动人民创造出来，解决了当时实际生活所提出来的什么样的复杂问题；在满足当时使用者的物质的和精神的许多不同的要求时，曾经创造过些什么进步传统，累积了些什么样的工程技术方面的经验，和取得了什么样的造形艺术方面的成就。

这些阶段彼此并不是没有联系的。相反的，它们都是互相衔接不可分割的；虽是许多环节，却组成了一根整的链条。每一时代新的发展都离不开以前时期建筑技术和材料使用方面积累的经验，逃不掉传统艺术风格的影响。而这些经验和传统乃是新技术、新风格产生的必要基础。

各时代因生产力的发展，影响到社会生活的变化，而这些变化又都一定要向建筑提出一些新的问题、新的要求。这些社会生活的变化，一大部分是属于上层建筑的意识形态的。因此这些新问题、新要求也有一大部分是属于思想意识的，不完全属于物质基础的。为了解决这些新问题，满足这些新要求，便必须尝试某些新的表现方法，渗入到原来已习惯的方法中，创造出某些新的艺术体形、新的艺术内容，产生出新的艺术风格；并且同时还不得不扬弃某些不再合用的作风和技术。这样，在前一时期原是十分普遍的建筑特点，在内容和形式上便都有了或多或少的改变，后一时期的建筑特点就开始萌芽。这就是建筑的传统与革新的必定的过程。

在相当一个时期之内，最普遍的、已发展成熟且代表着数量较大、为当时主要类型的建筑物的风格特征的，我们把它们概括地归纳在一个历史阶段之内。因此这个阶段中，前后期的实物必然是承上启下，有独特变化的一些范例。我们现在很不成熟地暂将几千年的中国建筑大略分成如下七个阶段，为的是能和大家将来做更细致的商榷和研究。

考古学家在河北省房山县（今北京市房山区）周口店龙骨山发现的北京人遗址，供给我们中国建筑史上最早的实物资料。它说明四五十万年前，华北平原上使用极粗的石器，<u>已知用火的猿人解决居住问题的"建筑"是天然石灰岩洞穴</u>。

在周口店猿人洞的山顶上又发现有约十万年前的人骨化石、石器和骨器。考古学家称这时期的文化为"山顶洞文化"。这时遗留的兽骨、鱼骨，证明这时的人过的是渔猎生活。遗物中有骨针，证明他们已有简单的缝纫；人骨化石旁散有染红的石珠，显然他们已有爱美装饰的观念。_{图14}

天然洞穴之外，还有人工挖掘的窨穴，许多是上小下大的"袋形穴"。这些大约是公元前三千年的遗迹。在华北黄土区峭壁上，也有掘进土壁的水平的洞。

中国境内一向居住着文化系统不同、祖先世系不同的各种族。他们各在所居住的土地上，和自然界作斗争，发展自己的文化，也互相有冲突，互相影响，以至于融合。在地下遗物中留着不少痕迹。

在河南渑池县仰韶村发现有较细的石器、石制农具、石制纺轮、石镞和彩色陶器等遗物的遗址。这些遗物证明居住在这里的人的生活情况是畜牧业和最原始的农

图14　周口店龙骨山猿人洞（这是北京人居住的地方）

业逐渐代替了渔猎，因而开始定居，并有了手工业。和它同系的文化散布在广大的中国西北地区，总称做"仰韶文化"。当时的人居住过的遗址多半在河谷里，大约为了取水方便，又可以利用岸边高地掘洞穴。图15 图16

图15　鱼纹彩陶盆（仰韶居民临水而居，掌握了捕鱼技术）

图16　人面鱼纹彩陶盆

在山西夏县遗址中所见，他们的住处是挖一长方形土坑，四面有壁，像小屋，屋屋相连，很像村落。仰韶文化是中国人民所创造的重要文化之一，考古学家推断为黄帝族的文化，比羌、夷、苗、黎等族有更高的成就，距今约有四五千年。这时期不但有较细致的石制骨制器物，而且纹饰复杂，色彩美丽，有犬、羊和人的形纹画在陶器上。遗迹中有许多地穴，虽然推测穴上也可能有树枝茅草构成的覆盖部分，但因木质实物丝毫无存，无法断定。

古代文献给我们最早的记录资料是春秋时人提到的尧、舜时期的房子：尧的"堂高三尺""茅茨土阶"。现在我们所已得到的最早的建筑实物是河南安阳殷时代的宫殿或家庙遗址：底下有高出地面的一个土台，上有排列的石础和烧剩的木柱的残炭。大体上它们是符合"堂高三尺"的说法的。但由于殷墟遗址上地穴仍然很多，一般人民居住的主要仍是穴居和半穴居方法，有茅茨和高出地面的土台的。这可能是阶级社会开始时的产物，在尧时还没有出现。殷墟夯土台以下所发现比殷文化更早的穴居，它们是两两相套的圆形穴，状如葫芦，也像古代象形字里的"宫"（宫）字，穴内墙面已用白灰涂抹。

<u>阶级社会开始于夏</u>。夏的第一代禹是原始灌溉的发明者，又因同黎族、苗族的战争胜利，把俘虏做奴隶，用于生产，是生产力大大跃进的时代。

生产力的提高开始影响到生产关系。禹的儿子启承继父亲做酋长，开始了世袭制度。历史上称这一世系的统治做夏朝，是中国历史上第一个朝代。由这个时期起才开始破坏了原始公社制度，产生了阶级社会；社会中贵与贱、贫与富逐渐分化，向着奴隶制度国家发展。

夏的文化就是考古学家所称的黑陶或龙山文化，分布地区很广（河南、山东和江南都有遗物发现），农业知识和手工艺的水平高于仰韶文化。但夏时常迁都，主要遗址尚待发掘。传说夏有城郭叫做"邑"。财产私有才有了保卫的必要；有了奴隶的劳动，城池一类的大土方建筑也成了可能。在山东龙山镇城子崖发现一处有版筑城墙的遗址，墙高约6米，厚约10米，南北长450米，东西390米，工程坚固，但是否夏的实例，我们还不能得出结论。

夏启袭位以后，召集各部落酋长在"钧台"大会，宣告自己继位。因为夷族不满意，启迁到汾浍（huì）流域的大夏，建都称做"安邑"。这两个作为地名的"台"和"邑"，和这类型的建筑物可能是有关系的。高出地面的和围起来的建筑物似乎都是在阶级社会形成的初期出现的。

夏启传到著名暴君桀是400多年长的时间，纺织业和陶器物都很发达，已用骨占卜，后半期也有铜的遗物。图17 图18 文化又有若干进展。奴隶主的残酷统治招致了灭亡。夏桀是被殷的祖先商汤所灭。

商是在东方的部落，在灭夏以前已有十几代，文化已有相当发展，农业知识水平比夏更高，手工业也更进步，并且已利用奴隶生产，增加货物的制造。和建筑技术有密切关系的造车技术，也传说是汤的祖先相土和王亥等所发明的。尤其是王亥曾驾着牛车在部落间做买卖交易货物，这个事实和后代的殷民驾车经营商业的习惯有关。

商汤传了10代，迁都5次，到盘庚才迁移到现在河南安阳县的小屯村（今位于河南安阳市西北郊）。这地方就是考古学家曾作科学发掘研究的殷墟遗址所在。内中有供我们参考的中国最早的地面建筑物的基址残迹。图19 盘庚以后传到被周武王灭掉的

上编　林徽因说中国建筑

图17　白陶鬶（鬶，读 guī。河南巩义出土，用高山黑土炼制）

图18　乳钉纹青铜爵（有"华夏第一爵"的美誉）

图19　殷墟鸟瞰图（根据发掘的遗迹来看，小屯宫殿区周围有密集的遗址。距离宫殿区越远，居住遗址越少，说明建筑是以王宫为中心兴建的）

约，商朝文化又经过 600 余年的发展。

在阶级剥削的基础上，商朝的文化比夏朝更有显著的进步。中国古代文化，包括文学、音乐、艺术、医药、天文、历法、历史等科学，在商朝都奠定了初基，建筑也不例外。

殷墟遗址的发掘给了我们一些关于殷代建筑的知识。遗址是一些土台，大致按东西和南北的方向排列着，每单位是长方形的，长面向前。发掘所见有夯土台基，柱下有础石，且用铜榍（zhì）垫在柱下，间架分明，和后代建筑相同。因有东西向的和南北向的基址，可见平面上已有"院"的雏形。大建筑物之前还有距离相等的三座作为大门的建筑。韩非子所说的尧"堂高三尺""茅茨土阶"倒很像是描写殷代的宫殿或家庙的建筑。图20 至于《史记》所说"南距朝歌，北据邯郸及沙丘，皆为离宫别馆"，形状如何，已不可见。

殷亡后，封在朝鲜的殷贵族箕子来朝周王，路过殷墟，有"感宫室毁坏，生禾黍"的话。我们知道这些建筑在周灭殷时就全部被焚毁了。考古学家断定殷墟所发掘的基址是"家庙"。这些基址的周围有许多坑穴，埋着大量的兽骨——祭祀时所杀的祭牛，乃至象、鹿等骨骼，也有埋着人骨的。

另外经过发掘的是一些大型墓葬，内部用巨木横叠结构作墓室，规模庞大，不但殉葬器物数量大，珍品多，还杀了大量俘虏殉葬。这些资料所反映的情况是殷统治者残酷地对待奴隶，迷信鬼神，隆重地祭祀祖先，积聚珍品器物，驱使有专门技术的工奴为统治者制造铜器、玉器、陶器、骨器、纺织等和进行房屋建造。遗址中还有制造各种器物的工场。图21

上编　林徽因说中国建筑

茅草屋顶

台基

 殷墟宫殿复原图

 青铜建筑构件

第二阶段——西周到春秋、战国

上编　林徽因说中国建筑

周是注重农业生产而兴旺起来的小部落，对耕作的奴隶比较仁慈。周文王的祖父太王，被戎狄所迫，不愿争战，率领一批人民迁到岐山（今陕西岐山县东北）下。许多其他地方的人民来依附他，人口

增多。太王在周原上筑城郭家屋，让人居住，分给小块土地去开垦，和耕种者之间建立了一种新的关系。从此就开始了封建制度的萌芽，也成立了粗具规模的小国。

在我国最古的文学作品《诗经》里有一篇关于周初建筑的歌颂和描写，使我们知道，周初开始的新政治制度的建筑和殷末遗

图22　周原

址中迷信鬼神、残酷对待奴隶的建筑，内容上是极不相同的。

诗里先提到的是生活更美好，人民对这次建造有很高的情绪，例如说周祖先过去都是穴居的，"未有家室"，而迁到岐下时便先量了田亩，划出区域，找来管工程的"司空"和管理工役的"司徒"，带了木板、绳子和版筑用的工具来建造房子。他们打着鼓，兴奋地筑起许多堵用土夯筑的墙壁。接着又说先建了顶部舒展如翼的宗庙，"作庙翼翼"，然后又立起很高的"皋门"和整齐的"应门"，然后筑集会用的"大社"的土台或广场。

虽然当时的具体形象我们不得而知，可注意的是这时建筑已不是单纯解决实用的，而是有代表政治制度思想内容的作用的；并且在写这章诗的年代，已意识到人们对自己所创造的建筑物的艺术形象所起的效果是感觉愉快而骄傲的。

周文王反对殷统治的残暴、贪财、侈奢、酗酒和嬉游无度，荒废耕地。他自己所行的是裕民政策，他的制度建立在首领奉行"代天保民"，后代称为行"仁政"的思想上。事实上，这就是征收较有节制的租税，不强迫残暴的劳役，让农家有些积蓄，发生力耕的兴趣，提高生产。图123

关于这种政治情况的时代的建筑物，一定还很简单朴实，如《诗经》所载周文王著名的灵囿，囿中有灵台和灵沼。古代的囿是保留着有飞禽走兽供君王游猎的树林区；内中的台和沼，就是供狩猎时瞭望的建筑和养禽鸟的池沼。这种供古代统治者以射猎集会、聚众游宴的台，或开始于更远古利用天然的土丘而发展的。到了春秋战国，诸侯强盛的时候，才成为和宫室同样重要的台榭建筑。再发展而成为秦汉皇宫苑囿中一种主要建筑物，侈丽崇峻的台殿楼观，积渐成为中国建筑中"亭台楼阁"的传统。

图23　大盂鼎及其铭文（铭文记载了周先王
　　　立国的曲折过程和殷商亡国的教训，
　　　要求谨慎处理讼罚）

《诗经》中有一篇以文王灵台为题材，描写人民为他筑台时的踊跃情形，以反映政治良好的气象的诗。足见封建初期征用劳动力还有限，劳动人民和统治者在利益上还没有大的矛盾，对于

大建筑物的兴建，人民是有一定的热情和兴趣的。这正是周制度比商进步的证据。但是无可疑问的，这时周的工艺还简陋，远不如代代有专门技术奴隶进行奢侈器物制造的商和殷。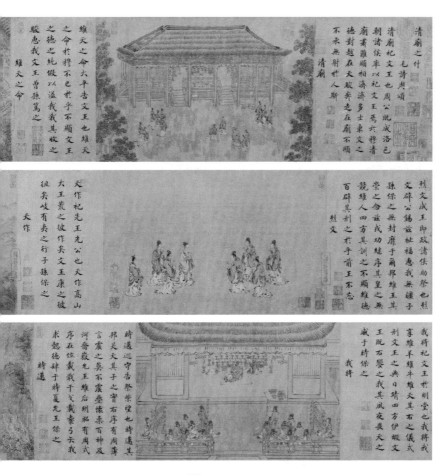

图24 [南宋]马和之《周颂清庙之什图》（局部，取材《诗经·周颂》，描绘了西周初年周王祭祀宗庙，歌颂祖先功德，并为子孙祈福的情景）

殷统治下的氏族百工，分工很细，有大量奴隶。周公灭殷时，分殷民六族给鲁，七族给卫，内中就有九种专工。殷的铜器和刻玉，不但在技术上达到高度发展，在艺术造形和纹样图案方面也到了精致无比的程度。周占有了殷的百工后，文化艺术才飞跃地向前发展了。图25 图26 图27 图28

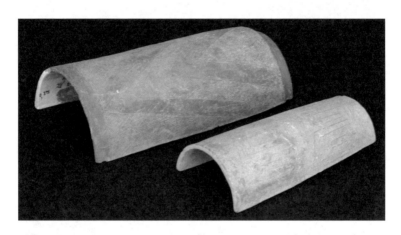

图25　西周宫殿遗址出土的筒瓦（部分筒瓦背面有纹饰）

图26　西周宫殿遗址出土的板瓦

图27 西周宫殿遗址出土的墙壁装饰构件

图28 西周宫殿遗址出土的半瓦当

西周之初，曾建造过三次城，一次比一次规模大，反映出它的发展，且每次内容也都反映出当时政治经济的情况的特点。第一次是他们农业发展到渭水流域，在沣水西边，文王建丰邑。第二次是武王建镐京，不但在沣水东边，而且由称"邑"到称"京"，在规模上必然是有区别的。第三次是周公在洛阳建王城，后来称东京。这次的营建是政治军事的措施。周灭东边的强国殷，俘虏了殷的贵族（大小奴隶主们），降为庶民；他们不服，周称他们做"顽民"，成了周政治上一个问题。为了防止叛乱，能控制这些"顽民"，周公选了洛阳，筑了成周，把他们迁到那里生产，并驻兵以便镇压。因此在成周之西 30 余里，建造了中国最古的有规划的极方正的王城。<u>这种王城的规模制度，便成了中国历代封建都市的范本</u>。

一向威胁西周安全的是戎狄，反映在建筑上就有烽火台这种军事建筑物，它是战国时各国长城的先声。

到现在为止，我们对遗址从未作过科学发掘的西周建筑，没有一点具体实物资料。号称周文王陵的大坟墓也有待于考古学家发掘证实。过去有所谓文王丰宫的瓦当，是极可怀疑的遗物。

周的政治制度，且说是封建制度的萌芽，但是在建筑物上显然表现出当时是利用大量奴隶俘虏进行建造的，如高台、土城、陵墓都是需要大量劳动力的、有大量土方的工程，而主要的劳动力的来源是俘虏的奴隶。

西周被戎狄攻入，迁到洛阳称东周以后到春秋战国，王室衰微，诸侯各在自己势力范围内有最大权威，成立独立的大小诸侯国。他们不严格遵守领主所有制：原来领主封得的土地可以自由买卖，产生了新兴的地主阶级。又因开始使用铁器，不但农业生产提高，并且大大影响到手工业和商业的发展。诸侯国的商业比周王国更发达。各处出现了大小都邑，如齐的临淄、赵的邯郸、郑的郑邑、卫的卫邑和晋的绛，后来还有秦的咸阳和楚的寿春等等。

这些城邑，都是人口增多，成了大商业中心。临淄的人口增到了七万户。手工业者由奴隶的身份转变为自由职业的匠人，还有自己的"肆"，坐在肆中生产并营业。巧匠是很被推崇的人物。尤其是木匠和造车的，都留下闻名到后代的匠师，如鲁的公输班和轮匠扁这样的人物。图29

春秋战国时代，不但生产力和生产关系都起了变化，各国文化也因同非华族的民族不断争战和合并，推动了很蓬勃的发展。东方齐、鲁、卫早在商殷的基础上加了夷族的贡献，发展了华夏

图29　鲁班制作场景复原（来自山东滕州鲁班纪念馆）

文化；最先使用铁器的就是夷族。南方又有楚越开发长江流域的文化，吸收苗蛮的成就，如蚕业和漆器的卓越成就，不可能没有苗民的贡献。西方的秦在戎狄中称霸，开国千里，又经营巴蜀，一跃而成为诸侯国中最先进的大国。晋楚中间的小国郑，商业极端发达，用自己的经济特点维持在大国间自己一定的势力。近来新郑出土的铜器证明，它的手工业也有自己极优秀的创造。这时北方的燕开始壮大，筑长城防东胡，发展中国北面的文化。韩、赵、魏三家分晋，各自独立发展，仍然都是强国。这样分布在全中国多民族的文化发展，后来归并成了七国，是统一中国的秦汉的雄厚基础，其中秦楚的贡献最大。

在建筑上，这时期最重要的是为农业所最需要的"邑"的组织形式，如有"十室之邑"和"千室之邑"等这种不同的单位。大都邑有时也称国，国有城池之设，外有乡民所需要的"郭"；内有商业所需要的"市"；^{图30}卿士们所住的"里"；手工业生产者所需要的"肆"；诸侯的宫室、宗庙、路寝；招待各国使者的"馆"；王侯宴会作乐的"台榭陂（bēi）池"，以及统治者的陵墓。^{图31}人民所创造的财富愈大，技术愈精，艺术愈高，统治者愈会设法占有一切最高成就为他们的权力，乃至于不合理的享乐服务。宫室和台榭等在这个时代，很自然地开始有雕琢加工的处理出现。晋灵公"厚敛以雕墙，从台上弹人，而观其避丸"，文献就给了我们这样一个例子。

今天我们所能见的建筑实物只有基址坟墓。大陵也还没有系统地发掘，小墓过于简单，绝不能代表当时地面建筑所达到的造形或技艺的水平。从墓中出土的文物来看，战国时工艺实达到惊人的程度。东周诸侯各国器物都精工细作，造形变化生动活泼，如金银镶错的器物，工料和技艺都可称绝品。新郑的铜器，飞禽

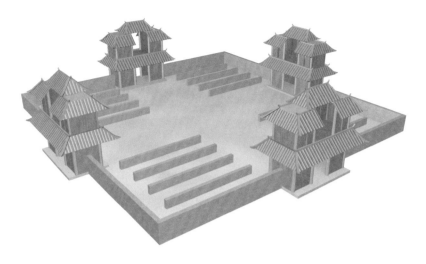

图30 集市复原图

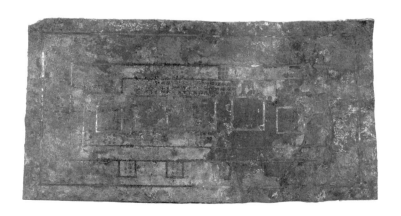

图31 兆域图［这是战国中山国国王䧺（cuò）的墓地及各陵墓建筑的平面规划图，呈长方形］

立雕手法鲜明；楚文物中木雕刻、漆器、琉璃珠等都是工艺中登峰造极的。当时有多少这样工艺用到建筑上，我们无法推测。它们之间必然有一定程度的联系则可以断言。

文献上"美宫室，高台榭"的记载很多。鲁庄公"丹桓宫之楹而刻其桷（jué）"；赵文子自营居室，"斫其椽而砻（lóng）之"，是建筑上加工的证据。晋平公"铜鞮（dī）之宫数里"。吴王夫差的宫里"次有台榭陂池"，建筑规模是很大的。由余（晋国人）见了秦穆公的"宫室积聚"，曾说"使鬼为之则劳神矣！使人为之亦苦民矣！"这两句话正说出了工程技巧令人吃惊，而归根到底一切是人民血汗和智慧的意思。我们可以推测当时建筑规模、艺术加工，绝不会和当时其他手工艺完全不相称的。

在发掘方面，我们只有邯郸赵丛台和易县燕下都的不完整基址。图32 图33 图34 这些基址证明当时诸侯确是纷纷"高台榭以明得志"。最具体的形象仅有战国猎壶上浮雕的一座建筑物。建筑物形状约略已近似汉画中所常见的。虽然表现技术是古拙的，所表现的结构部分却很明确，显然是写实的。根据它，我们确能知道战国寻常木结构房屋的大体。图35

没有西周到春秋战国这样一个多民族发展时期蓬勃的创造为基础，两汉灿烂的文化是不可能的。

图32　燕下都宫殿遗址（宫殿台基东西长140
　　　米，南北最宽处110米。宫殿坐落于全城
　　　的最高处，燕王在此可以俯瞰全城）

图33　出土瓦当

图34　出土透雕龙凤纹铜铺首

图35　宴乐狩猎水陆攻战纹壶（画面之一是贵族在亭榭宴饮作乐）

上编　林徽因说中国建筑

秦逐渐吞并六国，建立空前的封建集权皇朝，建筑也相应地发展到空前的规模。

秦的都城咸阳原是战国时七国之一的王城规模。秦每攻灭一个诸侯国，就在咸阳的北面仿建这个诸侯国的宫室。到秦统一六国，战国时期各国建筑方面的创造经验也就都随而集中到咸阳。战国以来，各

国高台榭、美宫室的各种风格在秦统一全国的过程中，发展出集珍式的咸阳宫室。这些宫殿又被"复道"和"周阁"连结起来，组合成复杂连续的组群，在总的数量和艺术的内容上是远在六国宫室之上的。

公元前 221 年，全国统一之后，形成了新的政治经济形势。咸阳从前秦所建的王宫已经不能适应新情况的要求，到公元前212 年开始兴建历史上著名的"阿房宫"。图36

图36　［唐］王维《阿房宫图》卷

这座空前宏伟的宫是以全国统一的政治中心的规模建造的，位置在咸阳南面的渭水南岸。主要的"前殿"建在雄伟的高台上；根据记载是东西五百步，南北五十丈，上面可以坐万人，台下可以竖立高五丈的大旗；周回都有"阁道"；殿前有"驰道"，直达南山，并加筑南山的山顶，作为殿前的门阙；殿后加"复道"，跨过渭水与咸阳相连。这种带山跨河，长到几十里的布置手法以及咸阳附近 200 里内建造了 270 多处宫观和大量连属的复道的纪录，可以看到秦代建筑惊人的规模。

除了极其夸张的宫室建筑之外，秦代建筑雄大的规模也表现在世界驰名的长城上。秦代的长城是西起临洮、东到辽东，以战国各国旧有的长城为基础，用 30 万士兵、囚犯筑成的跨山越野蜿蜒数千里的军事工程。图37 图38 图39 与长城相当的，还兴筑了贯通全国重要城市的军用驰道，这也是非常惊人的措施。

图37　秦长城遗址

图38　齐长城遗址

图39　赵长城遗址

这些完全不顾民力的庞大建设工程，一方面表现了秦代残酷的军事统治，另一方面也说明了战国以来生产力的发展，以及其在得到统一之后发挥出的力量。整个秦代的建筑在新的经济基础上的发展是远超越了以前各时代，开创了新的统一的封建王朝的规模。

<u>秦代的宏伟建筑仍是以木材结构配合极大的夯土高台建成的</u>。这些庞大的工役一部分由战乱时代的俘虏担任，另一部分是征召来的人民在暴力强迫下进行的。秦以胜利者的淫威，在不顾民力的大兴工役中，横征暴敛，使人民流离死亡，更加深了阶级矛盾，促成了中国第一次大规模的农民起义。

人民血汗和智慧所创造的咸阳壮丽的宫室，只被人民认作残暴统治的象征。项羽领兵纵火全部烧毁它们以泄愤是可以理解的。但从此每次在易朝换代的争夺中，人民的艺术财富，累积在统治者的宫中纪念性建筑组群里的，都不能避免地遭到残酷的破坏。

秦代的建筑现在仅能从阿房宫遗址和骊山秦始皇陵庞大的土方工程上看到当时的规模。秦始皇陵内部原有豪华的建筑和陈设也遭到项羽入关时劫掠破坏。但这部分秦代人民创造的残余，无疑地还埋藏在地下，等待考古学家加以发掘整理。图40 图41

西汉是秦末的农民斗争产生的封建统一王朝。这次起义所表现人民的力量，使汉初的统治者采用简化刑法和减轻剥削的政策，使人民得到休息，恢复了生产。

汉初的建筑是在战争没有结束时进行的。图42 重要的建筑是在咸阳附近以秦的离宫故基为基础修建的长乐宫。这座宫周围20里，是一座具有高台大殿和许多附属殿屋的宫城。

接着建造的未央宫是西汉首创的一座宫。它的周围是28里，

陵冢————

 图40　秦始皇陵全景

图41　大型夔（kuí）纹瓦当（秦始皇陵的寝
　　　殿遗址出土，用来遮挡屋檐下粗大的
　　　檩木，直径61厘米，非常大。由此
　　　可见寝殿建筑规模的宏伟）

图42

[清]袁耀《汉宫秋月图》(以昭君出塞的历史故事绘制，画中可见宫殿雄伟壮丽，殿门、飞檐、护栏等勾画十分细致)

主持规划的是萧何，技术方面负责的是军匠出身的阳城延。刘邦曾因见到这座建筑的奢侈华丽而发怒。萧何说他主张建造未央宫的理由是"天子以四海为家，非壮丽无以重威"。这说明他认识到统治者可以使他的建筑作为巩固他的政权的一种工具，认识到建筑艺术所可能有的政治作用。这个看法对以后历代建立王朝时对于都城和宫室等艺术规模的重视起了很大的影响。图43

　　未央宫的前殿以龙首山作殿基，使这座大殿不必使用大量的土方工程，就很自然地高出附近的建筑之上。这是高台建筑创造性的处理，目的在于避免秦代那样使用大量人力进行土方工程。

　　长乐、未央两宫都在秦咸阳附近，都是独立完整成组的规模。后建的未央宫是据龙首山决定的位置，两宫东西之间虽距离很近，但不是很整齐并列的。到公元前187年筑长安城时，南面包括两宫在内，北面因发展到渭水岸边，因此汉长安城的平面图

图43　汉未央宫遗址鸟瞰

形南北都不是整齐的直线。但这座壮丽大城的城内是由规划成方正整齐的坊里贯以平直宽阔的街道组成的，它的规模也发展到周围65里。

汉初的政策使农业得到急速的发展，到武帝时70年间的和平时期，国家积累了大量的财富。随着经济的繁荣，西汉这时的国力和文化都超出附近国家。当时北方游牧的匈奴是最强悍的敌对民族，屡次侵入北方边境；中国甘肃以西的少数民族分成三十六国，都附属于匈奴。汉武帝想削弱匈奴，派张骞出使西域了解各国情况，并企图掌握与西方商业交通的干路。图44

上编 林徽因说中国建筑

图44 《张骞出使西域图》（该壁画绘制于敦煌莫高窟第323窟主室的北壁）

汉代因向西的发展而与优秀的古代小亚细亚和印度的文化接触，随着疆域的扩张和民族斗争的胜利，突破了以前局限的世界地理知识，形成大国的气派和自信。汉武帝时是早期封建社会的高峰，这时期的建筑，除增建已有的宫室之外，又新建了许多豪侈的建筑，其中如长安的建章宫和云阳的甘泉宫都是极其宏阔壮丽的庞大的建筑群。

建章宫在长安城西附郭，前殿更高于未央，宫内的建筑被称为"千门万户"，所连属的围范围数十里；宫内开掘人工的太液池，并垒土作山，地中的渐台高20余丈。高建筑如神明台、井干楼各高50丈。神明台上有九室，又立起承露盘高20丈，直径大有七围。井干楼是积叠横木构成的复杂木构建筑。中国最早的高层建筑在这时候产生了。图45

长安东南的上林苑周围300余里，其中离宫70多座，能容千骑万乘。

西汉的宫室园囿很多是就秦代所筑的高基崇台作基础的，一般建筑规模并不小于秦代。由于生产关系比秦代进步，整个国家在蓬勃发展中，因此许多游乐性质的建筑在工料上又超过了秦代。这个时期的建筑，是随着整个社会的发展而又向前迈进了一步。

西汉农业的发展走向自由兼并。随着土地集中、阶级分化，西汉末引起的农民起义，又再次在混战中焚毁了长安的宫室。

东汉是倚靠地主阶级的官僚政权统治人民的，国家的财力比较分散，都城洛阳的宫殿规模不及长安，但在规划上更发展了整齐的坊里制度，都城的部署比长安更整齐了。

这时期的建筑，是王侯、外戚、宦官的宅第非常兴盛，如桓帝时大将军梁冀大建宅第，其妻孙寿也对街兴建，互相争胜。建

筑是连房洞户，台阁相通，互相临望。柱壁雕镂，窗用绮疏青
琐，木料加以铜和漆，图画仙灵云气；又广开苑囿，垒土筑山；
飞梁石磴（dèng），凌跨水道，布置成自然形势的深林绝涧。豪
侈的建筑之外，宅第中的园林建筑也非常讲究。这些宅第的建筑
记载超过了宫室，正反映着东汉社会的具体情况。

　　东汉洛阳的建筑也在末年的军阀战争中被董卓焚毁了。

　　这时期可能由于与西方交通的影响，用石材建造坟墓前纪念
性建筑的风气逐渐兴盛。现在还留下少数坟墓前的石阙和石祠，

图45 ［元］佚名《建章官图》

其中如西康雅安的高颐阙，山东嘉祥的武氏石阙和石室，都是比较著名的遗物。雅安的高颐阙选用的式样和浮刻，充分地应用了当时的木建筑形式。在这些比例谨严的石刻遗物上，可以看到一些具体的汉代建筑艺术形象。图46

考古学家发现的明器中有许多陶制的建筑模型和画像砖，使我们具体地看到汉代建筑的形象，由殿宇、堂屋、楼阁、台榭、

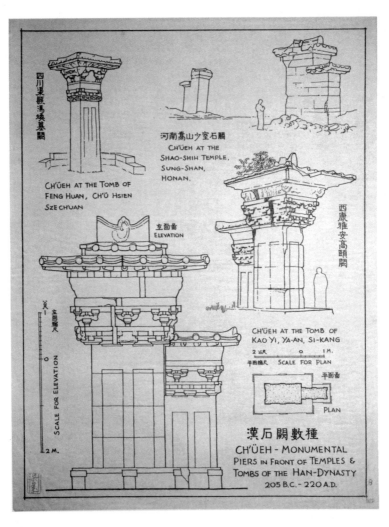

图46　梁思成《汉石阙数种》（手绘稿）

庭院、门阙、城楼、桥梁到仓廪、厕所等等。还有每次发掘所发现的汉代工艺美术品，其中如丝织、漆器、铜器之中，都有极其精美的作品，与汉代辉煌的物质文化发展情况相符合。而汉代建筑的精华则不是现存这些砖石坟墓的建筑或明器上所表现的所能代表的。在对大规模的遗址还没有作科学发掘工作的目前，我们仅能认识到汉代建筑的一些片断而已。⑱47 ⑱48 ⑱49 ⑱50 ⑱51

三国分裂的时期，曹魏所据的中原地区有比较优越的人力和物质条件，建筑的规模也比较大。这时期中最突出的成就是曹操经营的邺城。从这座都城的文献记载中可以看到，简单明确的分区规划和中轴对称的布局是发展到比东汉的洛阳更高的水平上。邺城的规划中如皇宫位置在城内中轴的北部，使皇宫面临城内纵横相交的主要干道；居民的坊里布置在城内南部；左右干道的交点布置成坊市的中心等先进的方式，都是隋唐长安的先型。

南方比较边远的地区，经吴和蜀两国的经营，经济文化都得到一定的发展。从考古学家发现的一些片断资料看到，整个三国时期大致仍是汉代工程技术与艺术风格的继续，并没有显著的变化。

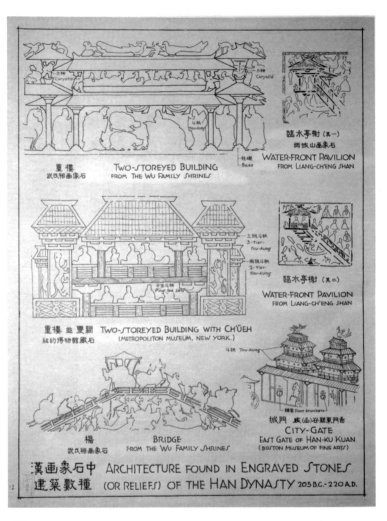

图47　梁思成《汉画像石中建筑数种》(手绘稿)

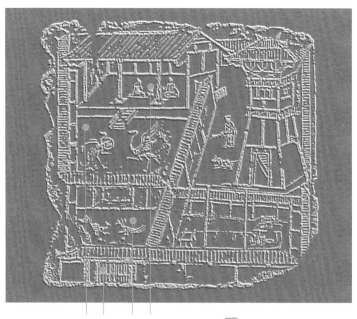

后院　大门　前院　厅堂

图48　庄园庭院图（画像砖）

图49　陶城堡（明器。这是南方的小型庄园城堡，四周筑高墙，四角建角楼，可以瞭望和防卫）

图50 庄园粮仓图（汉墓壁画）

图51 弓射图（汉墓壁画。这是贵族庄园中射击比赛的场面，图中可见汉代楼阁建筑样式）

六朝的建筑是衔接中国历史上两个伟大文化时期——汉代与唐代的建筑的桥梁，也是这两时期建筑不同风格急剧转变的关键。它是汉以来旧的、原有的生活习惯，思想意识和新的社会因素，精神上和物质上剧烈的新要求由矛盾到统一过程中的产物。

产生这新转变的社会背景主要有三个：一是北方鲜卑、羌等胡族占据中原——所谓"五胡乱华"在中国政治经济和文化上所起的各种复杂的变化。图52 二是汉族的统治阶级士族豪门带了大量有先进技术的劳动人民大举南渡，促进了南方经济和文化的发展。三是在晋以前就传入的佛教这时在中国普遍传播和盛行，全国上下的宗教热忱成了发展建筑艺术的动力。新的民族的渗入，新的宗教思想上的要求，以及随同佛教由西域进来的各种新的艺术影响，如中亚、北印度、波斯和希腊的各种艺术和各种作风，不但影响了当时中国艺术的风尚手法，还发展了许多新的、前所未有的建筑类型及其附属的工艺美术。图53 刻佛像的摩崖石窟，有佛殿、经堂的寺院组群，多层的木造的和砖石造的佛塔，以及应用到世俗建筑上的建筑雕刻，如陵墓前的石柱和石兽，以及建筑上的装饰纹样等，就都是这时期创造性的发展。

图52　坞堡复原图（这是三国时期的坞堡模型，反映了在军阀混战下地方贵族筑坞堡自守的情况）

图53　石雕柱础（北魏平城出土，中间的圆孔供帐篷的支架插入）

　　寺院组群和高耸的塔在中国城市和山林胜景中的出现划时代地改变了中国地方的面貌。千余年来大小城市、名山胜景，其形象很少没有被一座寺院或一座塔的侧影所丰富了的。南北朝就是这种建筑物的创始时期。当时宗教艺术是带有很大群众性的。它们不同于宫廷艺术为少数人所独占，而是人人得以观赏的精神食粮，因此在人民中间推动了极大的创造性。

　　北魏统治者是鲜卑族，尊崇佛教的最早的表现方法之一是在有悬崖处开凿石窟寺。在公元5世纪后半叶，开凿了大同云冈大石窟寺。最初或有西域僧人参加，由刻像到花纹都带着浓重的西域或印度手法风格。但由石刻上看当时的建筑，显然完全是中国的结构体系，只是在装饰部分吸取了外来的新式样。图54 图55

图54　云冈石窟第20窟释迦牟尼坐像
　　（塑像的服饰具有印度风格）

图55　云冈石窟第 8 窟内景

北魏迁都到洛阳，又在洛阳开凿龙门石窟。龙门石窟中不但建筑是原来中国体系的，就是雕刻佛像等等，也有强烈的汉代传统风格。表现的手法很明显是在汉朝刻石的基础上发展起来的。图56 在敦煌石窟壁画上所见也证明在木构建筑方面，当时澎湃的外来的艺术影响并没有改变中国原有的结构方法和分配的规律。佛教建筑只是将中国原有的结构加以创造性的应用和发展来解决新问题。最明显的例子就是塔和佛殿。

当时的塔基本上是汉代的"重楼"，也就是多层的小楼阁，顶上加以佛教的象征物——即有"覆钵"和"相轮"等称做"刹"的部分。这原是个缩小的印度墓塔（中国译音称做"窣堵坡"或"塔婆"）。当时匠人只将它和多层的小楼相结合，作为象征物放在顶部。至于寺院里的佛殿，和其他非宗教的中国庭院

图56 龙门石窟宾阳洞（局部，北魏皇室经营，
佛像的面貌和装饰具有南方"秀骨清像"
的特征）

殿堂的构造根本就没有分别。为了内容的需要，革新的部分只在殿堂内部的布置和寺院组群上的分配。

这时期最富有创造性而杰出的建筑物应提到嵩山嵩岳寺砖塔。在造型上，它是中国建筑第一次，也是唯一的一次试用。十二角形的平面来代替印度"窣堵坡"的圆形平面，用高高的基座和一段塔身来代表"窣堵坡"的基座和"覆钵"（半球形的塔身），上面十五层密密的中国式出檐代表着"窣堵坡"顶上的"刹"。这不但是一个空前创作，在中国的建筑中，也是第一个砖造的高度达到近乎 40 米的高层建筑。它标志着中国建筑在砖石结构的工程技术上向前跨进了一大步。图57

南北朝最通常的木塔现在国内已没有实物存在了。北魏杨炫之在《洛阳伽蓝记》中详尽地叙述了塔寺林立的洛阳城。一个城中，竟有大小 1000 余个寺庙组群和几十座高耸的佛塔。那景象是我们今天难以想象的。

木塔中最突出的是永宁寺的胡太后塔：四角九层，每层有绘彩的柱子，金色的斗拱，朱红金钉的门扇，刹上有"宝瓶"和三十层金盘。全塔架木为之，连刹高"一千尺"，在"百里之外"已可看见。它在城市的艺术造形上无疑是起着巨大作用的高耸建筑物。即使高度的数字是被夸大了或有错误，但它在木结构工程上的高度成就是无可置疑的。对这种木塔的描写，和日本今天还保存着若干飞鸟时代（隋）的实物在许多地方极为相近。云冈石窟中雕刻的范本和这木构塔的描写基本上也是一致的。图58

隋统一中国之前，南朝"金粉地"的建康，许多侈丽的宫殿，毁了又建，建了又毁，说明南朝内部政治局势动荡不定。但统治阶级总是不断地驱使劳动人民为他们兴建豪华的宫殿。在艺术方面，在政治腐败的情况下，智慧的巧匠们仍获得很大的成

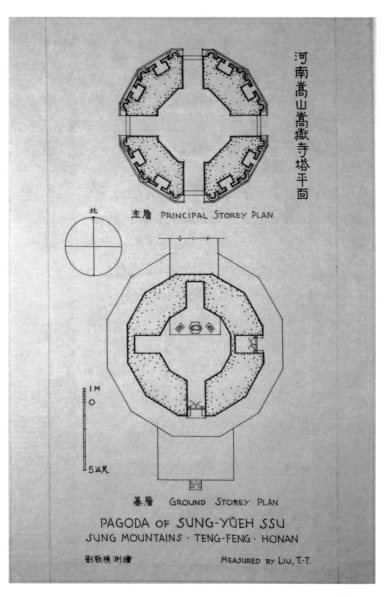

河南嵩山嵩嶽寺塔平面

北

主層　PRINCIPAL STOREY PLAN

1M
0

5公尺

基層　GROUND STOREY PLAN

PAGODA OF SUNG-YÜEH SSU
SUNG MOUNTAINS · TENG-FENG · HONAN

劉敦楨測繪　　　　MEASURED BY LIU, T.-T.

 图57　梁思成《河南嵩山嵩岳寺塔平面图》(手绘稿)

图58　永宁寺出土北魏佛像残块（寺院位于洛阳城南门偏西处，南北长 305 米，东西宽 215 米，今尚存方形塔基一处）

就。统治者还掠夺人民以自己的热情投在宗教建筑上的艺术作品去充实他们华丽的宫苑。齐的宫殿本来已到"穷极绮丽"的程度，如"匝饰以金壁……窗间尽画神仙……橼桷之端悉垂铃佩……又凿金为莲华以帖地"等等，他们还嫌不足，又"剔取诸寺佛刹殿藻井、仙人、骑兽以充足之"。

从今天所仅存的建筑附属艺术实物来看，如南京齐、梁陵墓前面，劲强有力、富于创造性的石柱和百兽等，当时南朝在木构建筑上也不可能没有解决新问题的许多革新和创造。图59 图60

到了隋统一全国后，宫廷就占有南北最优秀的工艺匠人。杨广（隋炀帝）的大兴土木——建东京洛阳、营西苑，就有迹象证明在建筑上模仿了南朝的一些宫苑布局，南方的艺匠在其中也起了很大作用。凿运河通江南，建造大量华丽有楼殿的大船时，更利用了江南木工，尤其是造船方面的一切成就。在此之前，杨坚（隋文帝）曾诏天下诸州各立舍利塔，这种塔大约都是木造的，今虽不存，但可想见这必然刺激了当时全国各地方普遍的创造。图61

在石造建筑方面，北魏、北周、北齐都有大胆的创造，最丰富的是各个著名的石窟寺的附属部分。也就是在这时期，一位天才石匠李春给我们留下了可称世界性艺术工程遗产的河北赵县的大石桥（即赵州桥）。图62 图63 中国建筑艺术经过这样一段新鲜活泼的路程，便为历史上文艺最辉煌的唐代准备了优越的条件。

图59 南朝梁萧景墓前的神道石柱（具有希腊神庙风格，体现中西交融）

图60 麒麟石刻（这是帝王陵墓前的精美石刻）

图61 ［隋］佚名《邓州舍利塔下铭》

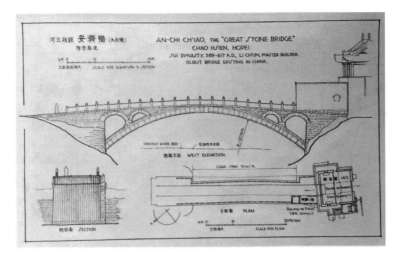

图62　梁思成《河北赵县安济桥（大石桥）》（手绘稿）

图63　赵州桥

这个阶段的建筑艺术是以南北朝在宗教建筑方面和统一全国的隋朝在城市建设方面所取得的成就为基础的。初唐建设雄宏魁伟的气魄和中唐雅致成熟的时代风格是比南北朝或隋朝的宗教艺术更向前迈进了一大步的。

唐将外来许多新因素汉化了，将陌生的非中国的成分和典雅庄严对称的中国格局相结合，为中国的封建社会生活服务。如须弥座、莲瓣、柱础、砖塔、塔檐瓦饰、栏杆之类都改进成更接近于中国人民所习惯的风格。在砖塔式样上也经过一些成熟的变化。中国第一座八角塔就在这时期初次出现。

唐建筑制度、技术手法和艺术作风的特点开始于初唐，盛于中唐前后，在中央政权削弱的晚唐和藩镇割据的五代时期，仍在全国有经济条件的地区风行颇长一段时间，而没有突出的改变。

唐政治经济的特点是唐初李渊父子统一了隋末暴政所引起的混战中的中国，而保留了隋政治、经济、文物制度中的一些优点；在李世民在位的二十几年中，确使人民获得休养生息的机会。当时政治良好，而同时对外战争胜利，鼓励胡族汉人杂居，不断和西域各民族有文化和商业的交流。

农业生产提高，商业交通又特别发达，海路可直通波斯。社会经济从此一直向上发展了百余年。

基础稳定的唐代中央专制集权的封建社会恢复了西汉的盛况，全国文学艺术便随着有了高度的发展。唐代在建筑上一切成就，也就是中国封建社会的文学艺术到达一个特殊全盛时代的产物。唐中央政权的腐朽削弱开始于内部分裂，最终在和藩镇的矛盾与农民的反抗中灭亡。但是，工商业在很大程度上未受中央政权强弱的影响。宗教建筑活动也普遍盛行于民间，并不限于中央皇室的建造。

隋初统一南北时期，计划后来成为唐长安的大兴城时，有意识地要表现"皇王之邑"，因此建造的是都城、皇城、宫城、正朝、府寺、百司、公卿邸第、民坊、街市等等——明明白白的是维护封建政权的秩序所需要的首都建设。它所反映的是统一封建专制国家机器的一个重要方面，也就是当时的统治阶级所制定的所谓文物制度的一种。

唐初继承了这样一个首都，最主要的修建就是改大兴殿为太极殿。左右添了钟楼、鼓楼，使耸起的形象更能表现中央政权的庄严。再次就是另建一个雄伟的皇宫组群。

新建的大明宫在一条南北中线上立了一系列的大殿，每座殿是一组群，前面有门，最南面是丹凤门和含元殿。大殿就立在龙首山的东趾上，"殿陛高于平地四十余尺"，左右有"砌道盘上，谓之龙尾道"。殿左右有两阁，阁殿之间用"飞廊"相接。这样的形象魁伟、气魄雄宏的规模，是过去汉未央宫开国气概的传统。不过在建造上显然是以汉兴以来八百年里所取得的一切更优秀的成就来完成的。图64 但在宗教建筑方面，初唐承继了隋代的创建，并不鼓励新建造。这方面显然不是当时主要的活动。

图64 ［元］王振鹏（传）《大明宫图》（局部）

　　代表初唐以后到中叶的建筑活动的有两个方面：宫廷权贵为了宴游享乐所建的侈丽宫苑建筑和邸第，以及宗教建筑活动。在这两个方面高度艺术性的各种创造，都是当时熟练的工匠和对宗教投以自己的幻想和热忱的劳动人民集体智慧的结晶。代表前一种的，可以举宫廷最优秀的艺匠为唐玄宗在骊山建筑的华清宫。这样著名的艺术组群，据记载是"骊山上下，益治汤井为池，台殿环列山谷"，并且一切是"制作宏丽""雕镌巧妙""殆非人功"的艺术创造。图65 图66 有名的长安风景区曲江上宫苑也在这时期开始了建筑。图67 至于当时权贵和公主们所竞起的宅第，则是"以侈丽相高，拟于宫掖，而精巧过之"。这样的事实说明当时建筑工程技术和艺术上最高成就已不被宫廷所独占，而是开始在有钱有势的阶层里"普遍"起来了。

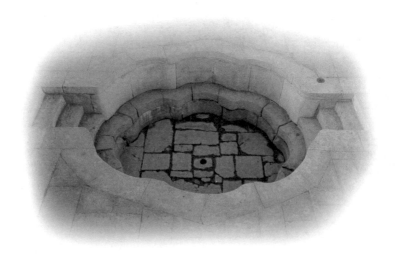

图65　贵妃汤（将青石砌成海棠状，分上下两层，设有进水口和出水口）

图66　［明］仇英《人物故事册·贵妃晓妆》（描绘了清晨杨贵妃在华清宫对镜理鬟的情景）

图67 ［唐］李昭道《曲江图》

唐代的皇室因为姓李，所以尊崇道教，因为道教奉李耳为始祖。然而佛教的势力毕竟深入到广大民间，今天存留的唐代建筑，除极少数摩崖造像外，全部都是佛教的。其中较早的，全是砖塔。

唐朝的砖塔大致可分为四个类型：

（一）**"重楼式"**塔，如西安慈恩寺的大雁塔和兴教寺的玄奘塔等。它们的形式像层层叠起的四方形重楼，外表用砖砌成木结构的柱、枋、斗拱等形象。这两座塔都建于7世纪后半叶和8世纪初年。它们是砖造佛塔中最早砌出木构形式的范例。 图68

（二）**"密檐式"**塔，如西安荐福寺的小雁塔、河南嵩山永泰寺塔和云南大理崇圣寺的千寻塔等。这个类型都在较高的塔身上出十几层的密檐，一般没有木结构形式的表面处理。以上两个类型平面都是正方形的，全塔是一个封顶的"砖筒"，内部用木楼板和木楼梯。 图69 图70

（三）八角形单层塔，嵩山会善寺净藏禅师塔是这类型的孤例。它是五代以后最通常的八角塔的萌芽。

（四）群塔，山东历城九塔寺塔，在一个八角形塔座上建9个小塔，是明代以后常见的金刚宝座塔的先驱。 图71 自从嵩山嵩岳寺塔建成到玄奘塔出现的150年间，没有任何其他砖塔存留到今天，更证明嵩岳寺塔是一次伟大的尝试。而唐代在数量上众多和类型上丰富的砖塔，则说明造砖和用砖的技术在唐代是大大地发展了一步。

宗教建筑方面一次特殊的活动是武则天夺得政权后，在洛阳驱役数万人建造奇异的"明堂""天堂""天枢"等。这些建筑物不是属于佛教的，但是创造性地吸取了佛教艺术的手法，为这个特殊政权所要表现的宗教思想而服务的。"明堂"称做"万象神

图68　兴教寺玄奘塔

图69　永泰寺塔

图70 大理崇圣寺千寻塔

图71　北京碧云寺金刚宝座塔

宫"，内有"辟雍之象"，建筑物高到294尺，方300尺，一共3层。"下层法四时，各随方色；中层法十二辰，上为圆盖，九龙捧之。上层法二十四气，亦为圆盖，上施铁凤，高一丈，饰以黄金。"在结构方面是很大胆的，当中用巨木，"上下通贯，栭（ér）栌（lú）橕（chēng）椑（pí），藉以为本"。"天堂"高5级，是比"明堂"更高的建筑，内放"夹纻（zhù）"大像（夹纻是用麻布披泥胎上加漆，干了以后去掉泥胎成空心的器物的做法）。"天枢"是高百余尺的八角铜柱，径大12尺，下为铁山，周70尺，立在端门外。

这些创造，虽然都是极特殊的，但显然有它们的技术基础和艺术上的良好条件的。佛教建造的有在龙门崖上凿造的巨大石像和窟外的奉先寺（寺的木构部分已不存，但这组巨像是得以保存到今天的唐代雕刻的最可珍贵的实物之一）。图72

自7世纪末叶以后到8世纪中叶，建造寺院的风气才大盛。原因是当时社会的需要。8世纪中叶侈奢无度的中央政权遇到藩镇的叛变，长安被安禄山攻破，皇帝出走四川。唐中央政权从此盛极而衰，此后和地方长期争战。在这七八十年中，人民受尽战乱的灾害搜刮之苦，超度苦难的思想流行起来。在宫廷方面，软弱的封建主遇有变乱，也急求佛法保佑，建寺用费庞大，还拆了宫殿旧料来充数。宫廷特别纵容僧尼，京城内外良田多被僧寺占有。在五台山造金阁寺，全用涂金的铜瓦，施工用料的程度也可见一斑。

到了9世纪初叶，皇帝迎佛骨到京师，在宫中留3日，再送各寺院里轮流供奉，王公士民敬礼布施，达到举国若狂的地步。宦官权臣和豪富施钱造寺院或佛殿、塔幢以求福的数目愈来愈多，为避重税求寺院庇荫的人民数目也愈来愈大。9世纪中叶，

图72　龙门石窟著名佛像

宗教势力和政权间的矛盾便造成会昌五年（845）的"灭法"。当时下诏毁掉官立佛寺 4600 余区，私立寺院 40 000 余区，归俗僧尼 260 500 人，财货田产入官，取寺屋材料修葺公廨，铜像钟磬改铸钱币。这些事实说明人民的财富和心血，在封建社会的矛盾中，不是被不合理的浪费，就是受到残酷的破坏，卓越的艺术遗产得以保存到今天的真是不到万一！

唐代有高度艺术的、崇峻而宏丽的宗教建筑大组群的完整面貌，今天已无法从实物上见到。对于建筑结构和装饰的形象，我们只有在敦煌石窟寺壁上，许多以很写实的殿宇楼阁为背景的佛教画里，可以得到较真实的印象。

敦煌著名的壁画"五台山图"中描绘了 90 座寺院组群的位置，其中之一的"大佛光之寺"，就是今天还存在五台山豆村镇的大佛光寺。更可宝贵的事实是，寺内大殿竟是幸存到今天的一座唐代原物。我们从这座在会昌"灭法"后又建造起来的实物上，可以具体地见到唐代建筑艺术的风格手法，以及它们所曾达到的多方面的成就。这座建筑遗产对于后代是有无法衡量的价值的。图73 图74

总的说来，唐代在建筑方面的成就，首先是城市作有计划的布局，规模宏大，不但如长安、洛阳城，并且普遍及于全国的州县，是全世界历史上所未有的；其次就是个别建筑组群在造形上是以艺术形态来完成的整体，雄宏壮丽的形象与华美细致的细节、雕塑、绘画和自然环境都密切地、有机地联系着。以世界各时代的建筑艺术所到达的程度来衡量，这时期的中国建筑也到达了艺术上卓越的水平。

当然，无论是长安的宫廷建筑物，还是各处名山胜地的宗教建筑物，还是一般城市中的民用建筑物，都是和唐初期全国生产

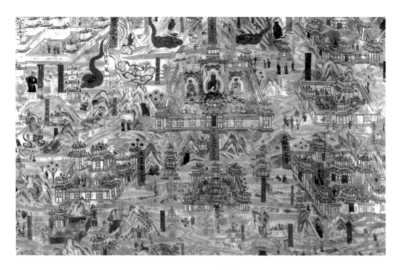

图73　敦煌壁画《五台山图》（局部）

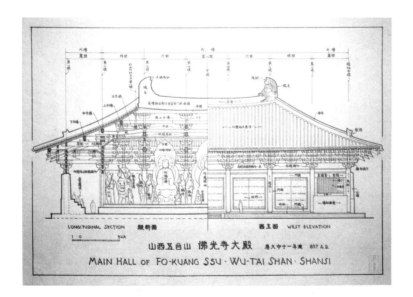

山西五台山　佛光寺大殿　唐大中十一年造　857 A.D.
MAIN HALL OF FO-KUANG SSU·WU-T'AI SHAN·SHANSI

图74　梁思成《山西五台山佛光寺大殿》（手绘稿）

力的提高，和以后商业经济的繁荣、工艺技术的进步、西域文化的交流等等分不开的。但一个主要的方面还是当时宗教所促进的创造有全民性的意义。劳动人民投入自己的热情、理想和希望，在他们所创造的宗教艺术上：无论是雕刻、佛像还是花纹；作大幅壁画，或装饰彩画；建造大寺、高塔或小龛，或是代表超度人类过苦海的桥，当时人民都发挥了他们最杰出、最蓬勃的创造力量。

中唐以后，中央政权和藩镇争夺的内战使黄河流域遭受破坏，经济中心转移到江淮流域。唐亡之后，统治中原的政权在50余年中前后更换了5次，称做五代。其他藩镇各自成立了独立政权的称做十国。中原经济衰弱，无法恢复。建筑发展没有可能。掌握政权者对于已破坏的长安完全放弃，修葺洛阳也缺乏力量。偶有兴建，匠人只是遵随唐木工规制，无所创造。山西平遥镇国寺大殿是五代木构建筑的罕见的孤例。图75 图76 五代建筑在北方可说是唐的尾声。

十国在南方的情况则完全不同：个别政权不受战争拖累，又解除了对唐中央的负担，数十年中，经济得到新的发展而繁荣起来。建筑在吴越和南唐，就由于地理环境和新的社会因素影响，发展了自己的新风格。如南京栖霞寺塔以八角形平面出现，在造形方面和在雕刻装饰方面都有较唐朝更秀丽的新手法，在很大程度上是后来北宋建筑风格的先声。

辽是中国东北边境吸取并承继了唐文化的契丹族的政权。辽在关外发展成熟，进占关内河北和山西北部，所谓燕云十六州，包括幽州（范围包括今天的北京和天津、河北的部分地区）在内。辽是一个独立的区域政权，不是一个朝代，在时间上大部虽和北宋同时，但在文化上是不折不扣的唐边疆文化。在

图75 镇国寺大殿斗拱

图76 镇国寺大殿内部构造

进关以前，替辽建设城市和建筑寺庙的是唐代的汉族移民和汾、并、幽、蓟的熟练工匠。他们是以唐的规制手法为契丹族的特殊政权、宗教信仰和生活习惯服务的，结果在实践中创造了某一些属于辽的特殊风格和传统。后来这种风格又继续影响关内（在辽境以内）的建筑——北京天宁寺辽砖塔就是辽独创作风的典型例子，而木构建筑如著名的蓟县（今在天津蓟州区）独乐寺观音阁和应县（今属山西朔州）佛宫寺木塔却带有更多的唐风，而后者则是中国木造佛塔的最后一个实例。图77 图78 图79

　　基本上，唐、五代和辽的建筑是同属于一个风格的不同发展时期。关于这一阶段的中国建筑，更应该提到的是它对朝鲜、日本建筑的重大影响。研究日本和朝鲜建筑者不能不理解中国的隋唐建筑，就如同研究欧洲建筑者不能不理解古希腊和罗马建筑一样。不但如此，这时期的中国建筑也影响到越南和缅甸。并且唐和萨珊波斯的文化交流，并不亚于和印度及锡兰的。唐朝是中国建筑最辉煌的一大阶段。

图77 天宁寺塔

图78　独乐寺观音阁

图79　应县木塔（局部）

第六阶段——两宋到金、元

这个大阶段以五代末的北周以武力得到淮南江北的经济力量，在汴梁的建设为序幕；北宋统一了南北是它的发展和全盛时期；南宋是北宋的成就脱离了原来政治经济基础，在江南的条件下的延续与转变；金和元都是在外族统治下宋的风格特点在北方和新的社会因素相结合的产物。

宋代建筑是在唐代已取得的辉煌成就的基础上发展起来的。但宋代建筑的特点与唐代的有着极大区别。

要理解宋建筑的类型、手法风格和思想内容，我们必须理解宋代政治经济情况以下几个方面：

（一）赵匡胤没有经过战争便取得了政权。五代末期后周在汴梁因疏浚了运河和江淮通航所发展的工商业继续发展；中原农业生产或得到恢复，或更为提高。居于水陆交通要道的汴梁人口密集，是当时的政治中心兼商业中心。赵炅（太宗）以占领江淮门户的优越条件，进而征服了五代末期南方经济繁荣的独立小政权如南唐、吴越、后蜀，统一了中国，不但在经济上得到生产力较高的南方的供应，在文化上也吸取了南方所发展的一切文学艺术的成就，其中也包括建筑上的成就。

（二）因内部矛盾，宋代军权集中于皇

帝一人手中。无所事事、成为庞大消费阶层的军队全力防内，对外却软弱无能，在北方以屈辱性的条约和辽媾和，在西方则屡次受西夏侵扰。统治者抱有苟安思想，只顾眼前享乐生活。建设的规模，建筑物的性质、气魄，和唐代开国时期及晚唐信奉宗教的热烈情况都不相同。

（三）建立了庞大的官僚机构，这个巨大的寄生阶层和大小地主商贾血肉相连，官僚们利用统治地位从事商业活动。在封建社会中滋长的"资本主义成分"的力量引起社会深刻的变化。全国中小消费阶层的扩大促进了这时期手工业生产的特殊繁荣。国内出现了手工艺市镇和较大的商业中心城市［特别突出的如京都汴梁、成都、兴元（汉中）和杭州等］。城市中某些为工商业服务的新建筑类型，如密集的市楼、邸店、廊屋等的产生，都是这时期城市生活的要求所促成的。又因商业流动人口的需要，取消了都城"夜禁"的限制，在东京出现了夜市和各种公共娱乐场所，如看戏的瓦子和豪华的酒楼，以后很普遍。

（四）手工业的发展进入工场的组织形式，内部很细的分工使产品的质量和工艺美术水平普遍地提高。宋代瓷器、织锦、印刷、制纸等工业都超过了过去时代的水平。这一切细致精巧的倾向也影响了当时的建筑材料和细致加工的风格。

宋建筑的整体风格，如初期的河北正定龙兴寺（今隆兴寺）大阁残部所表现的，仍保持魁伟的唐风。图80 但作为首都和文化中心的汴梁，介于南北两种不同建筑风格中间，很快地同时受到五代南方秀丽和唐代北方壮硕的风格的影响，或多或少地已是南北作风的结合。山西太原晋祠圣母庙一组是这一作风的范例，虽然在地理上与汴梁有相当的距离。图81 注重重楼飞阁较繁复的塑型，受到宫中不甚宽敞地址的限制，平面组合开始错落多变化，

图80　河北正定隆兴寺

图81　太原晋祠圣母殿

宫廷中藏书的秘阁就是这种创造性的新型楼阁。它的结构是由南方吴越来的杰出的木工喻皓所设计，更说明了它成就的来源。

　　公元1000年（真宗）以后，宫廷不断建筑侈丽的道观楼阁，最著名的如玉清昭应宫，由苏州人丁谓领导工役，夜以继日施工了7年建成。每日用工多到三四万人，所用材料是从全国汇集而来的名产。瓦用绿色琉璃；彩画用精制颜料绘成织锦图案，加金色装饰。这个建筑构图是按画家刘文通所作画稿布置的。其中的七贤阁的设计也是在高台上更加"飞阁"，被当时认为是全国最壮观的建筑物。

汴梁宫廷建筑的华丽倾向和因宫中代代兴建，缺乏建筑地址，平面布置上不得不用更紧凑的四合围拢方式或两旁用侧翼的楼和主楼相联，或前后以柱廊相联的格式。这些显然普遍地影响了宋一代权贵私人第宅和富豪商贾城市中建筑的风格。 图82

原来是商业城市改建为首都的汴梁，其规模和先有计划的"皇王之邑"的长安相去甚远，宫前既无宏大行政衙署区域，也无民坊门禁制度。除宫城外，前部中轴大路两旁和横穿京城的汴河两岸，以及宫旁横街上，多半是商业性质建筑所组成的。人口密集之后，土地使用率加大，更促进了多层市楼的发展。因此豪华的店屋酒楼也常以重楼飞阁的姿态出现，例如《东京梦华录》中所描写的"三层相高，五楼相向，各有飞桥栏槛，明暗相通"的酒店矾楼就最为典型。发展到北宋末赵佶（徽宗）一代，连年奢侈营建，不但汴梁宫苑寺观殿阁临水，"云屋连矮（yǐ）"，层楼的组群占重要位置，它们还发展到全国繁华之地，有好风景的区域。 图83

虽然实物都不存在，但今天我们还能从许多极写实的宋画中见到它们大略的风格形象。它们的主要特征是歇山顶也可以用在向前向后的部分，上面屋脊可以十字相交，原来屋顶侧面的山花现在也可以向前，因此楼阁嶙峋，在形象上丰富了许多。宋画中最重要的如黄鹤楼图、滕王阁图及清明上河图等等，都是研究宋建筑的珍贵材料。日本镰仓时代的建筑受到我们这一时期建筑很大的影响，而他们实物保存得很好，也是极好的参考材料。 图84 图85

图82 ［南宋］刘松年《四景山水图》（局部，图中宋朝官员富豪们的园林房屋，打破了传统对称布局，错落有致）

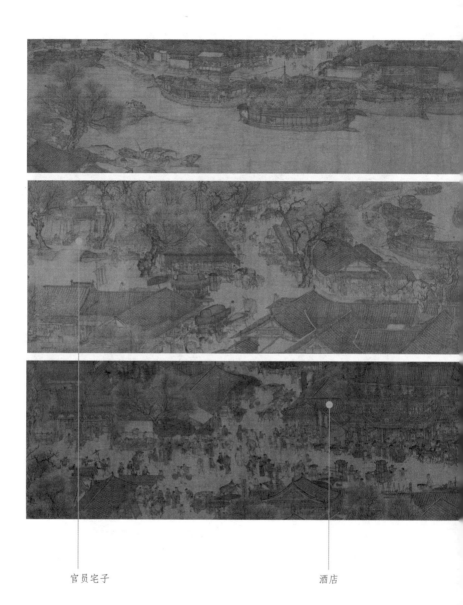

官员宅子

酒店

图83 ［北宋］张择端《清明上河图》（局部）

城楼　　　　　虹桥

上编 林徽因说中国建筑

图84 ［宋］佚名《黄鹤楼图》

图85　[北宋]郭熙《滕王阁图》

总之，在城市经济繁荣的基础上所发展出来的，<u>有高度实用价值，形象优美，立面有多样变化组合的楼阁是宋代在中国建筑发展中一个重大贡献</u>。

　　其次，如建筑进一步分工，充分将各种手工业生产的成就用到建筑上，如砖石建筑上用标准化琉璃瓦和面砖，并用陶瓷业模制压花技术的成就，到今天我们还可以从开封琉璃铁塔这样难得的实物上见到。木构建筑上出现了木雕装饰方面的雕作和镟（xuàn）作。彩画方面采用了纺织的成就，用华丽的绫锦纹图案。因为造纸业的发展，门窗上可大量糊纸，出现了可以开关的球纹格子门和窗等等。这些细致的改进不但改变了当时的建筑面貌，且对于后代建筑有普遍影响。

　　宋代曾采用匠人《木经》编成<u>中国唯一的一本建筑术书《营造法式》</u>。该书记录了各种建筑构件相互间关系及比例，以及斗拱砍削加工做法和彩画的一般则例，对后代宫匠在技术上和艺术上有一定的影响。

　　南宋退到江南，建都临安（杭州），把统治阶级的生活习惯、思想意识，都带到新的土壤上培植起来，建筑风格也不例外。但是在严重地受着战争威胁的局面下和萎缩的经济基础上，南宋的宫廷建筑的内容性质改变了，全国性规模的建筑更不可能了。南京重修的城市寺观起初仍极为奢华，之后结构逐渐纤弱造作，手法也改变了。这时期的重要贡献是建筑和自然山水花木相结合的庭园建筑在艺术上的成就。宫廷在临安造园的风气影响到苏州和太湖区的私家花园，一直延续到后代明、清的名园。

　　金的统治阶级是文化不同于汉族的女真族。<u>金的建设意识反映着模仿北宋制度的企图</u>。从事创造的是汉族人民，在工艺技术上是依据他们自己的传统的。而当时北方一部分却是辽区域作风占重要位置，因此宋辽混合掺杂的手法的发展是它的特点之一。

有一些金代建筑实物在结构比例上完全和辽一致，常常使鉴别者误为辽的建筑。另有一些又较近宋代形制，如正定龙兴寺的摩尼殿和五台山佛光寺的文殊殿，一向都被认为是宋的遗物。第三种则是以不成熟的手法，有时"形式地"模仿北宋颓废的、繁琐的形象，有时又作很大胆的新组合，前者如大同善化寺三圣殿，后者如正定广惠寺华塔，都是很突出的。像华塔那样的形式，可以说是一种紧凑的群塔，也是一种富于想象力的创造。图86 图87

金人改建了辽的南京（今北京城西南广安门内外一带），扩大了城址，称做中都。这次的兴建是金海陵王特命工匠监官模仿北宋首都汴梁而布置的。因此，中都吸取了宋的城市宫城格局的

图86 大同善化寺三圣殿

图87　河北正定广惠寺华塔

一切成就，保存了北宋宫前广场部署的优良传统。中都宫前的御河石桥，两侧的千步廊，也就是元大都的蓝本。明清两代继续沿用这种布局。今天北京的天安门前和午门、端门前壮丽的广场，就是由这个传统发展而来的。

元代的蒙古游牧民族，用极强悍的骑兵四处征讨，在短短的几十年中，建立了横跨欧亚两洲历史上空前庞大的帝国。

在元代统治中国的90多年中，蒙古族采用了残酷的武力镇压手段，破坏着中国原来的农业基础。在残酷的权力斗争中，全国的经济空前地衰落了。因此，元代一般的地方建筑也是空前地粗糙简陋的。这时期统治阶级的建筑是劫掳各先进民族的工匠建造的，因此有一些部分带有其他民族的风格，大体是继承了金和南宋后期细致纤丽的风格。

图88 故宫午门广场

元代的京城大都（现北京）是蒙古族摧毁了金的中都之后创建的。这座在宽阔的平原上新创的城市，在平面上表现着整齐的几何图形观念；城的平面接近正方形，以高大的鼓楼安置在全城的几何中点上。皇宫的位置是在城内南面的中轴线上。这是参照《周礼》"面朝背市，左祖右社"的思想，综合金代中都所沿袭的宋汴京的规划，依照当时蒙古族的需要而创建的。这种以

高大的鼓楼作为全城中心的方式，现在在北方的一些中小城市中仍可以看到它的影响。

元大都的宫殿建筑是以豪华精致的中国木构式样为主。一般宫殿建筑组群的主殿是采用工字形平面，前殿是集会和行政的殿堂，用廊连接的后部就是寝殿。殿内的布置，是用贵重的毛皮或丝织品作壁幛，完全掩蔽了内部的墙壁和木构。这种布置与汉族

 鼓楼（位于北京南北中轴线上）

宫廷内分作前朝和后宫的方式不同，内部的处理仍旧保留着游牧民族毡帐生活的习惯。

元代宫殿在木构建筑方面进一步发展了琉璃，从宋代的褐、绿两种色彩发展成黄、绿、蓝、青、白各色，普遍地应用到宫殿和离宫上，更丰富了屋顶的色彩。

元代上都（内蒙古多伦附近）主要宫殿的遗址是砖石结构的建筑，这可能是西方工匠建造的。此外，像大都宫中的"畏吾儿殿"应是维吾尔族的式样，还有相当多的"盝（lù）顶殿"和"棕毛殿"，也都是元以前中国传统所没有的其他民族风格。

元代的统治阶级以吐蕃（西藏）的喇嘛教作为国教，吐蕃的建筑和艺术在元代流传到华北一带，出现了很多西藏风格的喇嘛塔。矗立在北京的妙应寺白塔就是这时期最宏伟的遗物。290 从著名的居庸关过街塔残存的基座上和古雕刻纹样手法上，也可以看到当时西藏艺术风格盛行的情况。

都城以外的建筑仍是汉族工匠建造的，继续保持着传统的中国风格。其中一种类型可能是地方的统治阶层兴建的，比较细致精巧，但带有显著的公式化倾向，工料也比较整齐；典型的代表例如正定的关帝庙，定兴的慈云阁。另一种是施工非常粗糙，木料贫乏到用天然的弯曲原木作主要的构架，其中的结构是煞费苦心拼凑成的。现在的这类建筑大多是当地人民信仰的祠庙或地方性的公共建筑，例如河北正定的阳和楼、曲阳北岳庙的德宁殿、安平的圣姑庙或山西赵城的广胜寺。这后一种在困难的物质条件限制下表现了比较多的设计意匠。它们正是这段艰苦的时期中人民生活的反映，鲜明地展现出元代一般建筑艺术衰落的情况。

图90　妙应寺白塔

第七阶段——明、清两朝和民国时期

在这 580 余年中，中国历史发生了巨大的转变：

（一）在汉族农民起义摧毁并驱逐了蒙古族统治阶级以后，朱元璋建立了明朝，恢复了汉族的统治，恢复了久经破坏的经济。但自朱棣以后，宦官掌握朝政 200 余年，统治阶级昏庸腐朽达到极点。

（二）满族兴起，入关灭明，统治中国 260 余年；阶级压迫与民族压迫合而为一。

（三）西方新兴的资本主义商人和传教士，由 16 世纪末开始来到中国，逐步导致 19 世纪中的鸦片战争和中国的半殖民地化。

（四）人民革命经过 109 年的英勇斗争，推翻了清王朝，驱逐了帝国主义侵略者，肃清了封建统治阶级，建立了人民民主的中华人民共和国。

朱元璋以农民出身，看到异族压迫下农村破产的情形，亲身参加了起义战争；知道农业生产是恢复经济、巩固政权的基本所在，所以建立了均田、农贷等制度，消除了异族压迫，恢复了封建的生产关系，使经济很快恢复。在建国之初，他已占有江淮——全国最富庶的地区，国库充实起来，得以建设首都南京，作为巩固政权的工具之一。

明朝建立以后不久，官式建筑很快就在

布局、结构和造形上出现了与前一阶段区别显著的转变。在一切建置中都表现了民族复兴和封建帝国中央集权的强烈力量。首都南京的营建，征发全国工匠 20 余万人，其中许多是从蒙古半奴隶式的羁束下解放出来的北方世代的匠户。除了建造宫殿衙署之外，朱元璋特别强调恢复汉族文化和中国传统的礼仪，例如天子郊祭的坛庙和身后的陵寝，都以雄伟的气魄和庄严的姿态建置了起来。

朱棣（成祖）迁都北京，在元大都城的基础上，重新建设宫殿、坛庙，都遵南京制度，而规模比南京更大。今天北京的故宫大体就是明初的建置。虽然大部分殿堂已是清代重建的，但明朝原物还保存有若干完整的组群和个别的主要殿宇。图91 图92

社稷坛（今中山公园）、太庙（今劳动人民文化宫）和天坛，都是明代首创的宏丽的大组群。其中尤其是天坛，在规模、气魄、总体布置和艺术造形上更是卓越的杰作。虽然祈年殿在光绪十五年（1889）曾被落雷焚毁，但次年又照原样重修。皇穹宇一组则是明代最精美的原物，并且是明手法的典型。昌平县（今北京昌平区）天寿山麓的长陵（朱棣墓），以庙宇的组群同陵墓本身的地面建筑物结合，再在陵前布置长达 8 千米的神道，这一切又与天寿山的自然环境结合为一个整体。气魄之大，意匠之高，全国其他建筑组群很少有能和它相比的。图93

明初两京的两次大建设将南北的高手工匠作了两次大规模调配，使南方北方建筑和工艺的特长都得以发挥出来，汇合为一，创造出明代的特殊风格。西南的巨大楠木，大量在北京使用。这样的建筑所反映的正是民族复兴的统一封建大帝国的雄伟气概。

自从朱棣把宦官干涉朝政的恶劣传统培植起来以后，宦官成了明朝 200 余年统治权的掌握者。在建筑方面，这事实反映在一

图91　[明]朱邦《明代宫城图》[画中
左立的人物为明代紫禁城的设计者
蒯（kuǎi）祥，时称"蒯鲁班"]

蒯祥

图92 ［清］徐扬《京师生春诗意图》（局部，描绘了清乾隆时期的京师全貌）

切皇家的营建方面。<u>每一座明朝"敕建"的庙宇，都有监修或重修的太监的碑志</u>，不然就在梁下、匾上留名。

　　至于明代宫中 8 次大火灾（小火灾不计），史家认为是宦官故意放火，以便重建时贪污中饱。更不用说，宦官为了回避禁置私产的法律规定，多借建庙的名义，修建寺院，附置庭园、僧舍，作为自己休养享乐之用。如北京的智化寺（王振建）、碧云寺（魏忠贤建），就是其中突出的例子。明末魏忠贤的生祠在全

图93　明长陵之陵恩殿（祭祀帝后的场所）

国竟达五六百所，更是宦官政治的具体的物质表现。图94

　　明代官匠制度增加了熟练技术工人，大大地提高了手工艺技术的水平。明代建筑使用大量楠木和质地优良的砖，工精料美，丝毫不苟。在建筑工程方面，榫卯准确，基础坚实，彩画精美，也是它的特色。琉璃瓦和琉璃面砖到了明朝也得到了极大的发

图94　北京碧云寺之如来殿与万佛阁

展。太庙内墙前的琉璃花门上细部如陶制彩画额枋就精美无比。除北京许多琉璃牌坊和琉璃花门外，许多地方还出现了琉璃宝塔，其中如南京的报国寺七宝琉璃塔（太平天国战争中被毁）和山西赵城广胜寺飞虹塔，都说明了在这方面当时普遍的成就。

在明中叶的初期，由印度传入"金刚宝座式"塔，在一个大塔座上建造5座乃至7座的群塔。北京真觉寺（五塔寺）塔是这类型的最卓越的典型。这个塔型之传入使中国建筑的类型更丰富起来。在清代，这类型又得到一定的发展。 图95

在"党祸"的斗争中退隐的地主官僚和行商致富的大贾，则多在家乡营造家祠或私园，以逃避现实世界。明末私家园林得到

图95　北京五塔寺塔

极大发展，今天江南许多精致幽静的私园，如苏州的拙政园，就是当时园林的卓越一例，也是当时社会情况下的产物。最近在安徽歙县发现许多私家的第宅，厅堂用巨大楠木柱，规模宏大。可见当时商业发展，民间的财富可观。

　　明中叶以后，一方面由于工艺发展，砖陶窑业取得了极大的进步，另一方面由于国内农民起义和东北新兴的满洲族的军事威胁，许多府县都大量用砖瓷砌城堡。这方面最杰出的实例就是北京城和万里长城。这两个城虽然各在不同的地方和不同的地形上建造起来，但都各自以它们雄健简朴的庞大躯体表现了卓越的艺术效果。

明代砖陶业之进步所产生的另一类型就是砖造发券（即仰拱）的殿堂，如各地的"无梁殿"，乃至北京的大明门（明代北京皇城的正南门，今不存）一类的砖券建筑就是其中的实例。这些建筑一般都用砖石琉璃做出木结构的样式。

明朝末年，随同欧洲资本家之寻找东方市场，西洋传教士到了中国，带来了西洋的自然科学、各种艺术和建筑，这对于后来的中国建筑也有一定的影响。

满族以一个文化特点突出的民族入主中原。由于他们入关以前已有相当长的时间吸收汉族的先进文化，入关时又大量利用汉人，战争不太猛烈，许多城市和建筑没有受到过甚的破坏。例如北京这样辉煌的首都和宫殿苑园，就是相当完整地被满洲统治者承继了的。故宫之中，主要建筑仅太和殿和武英殿一组受到破坏。清朝初期尚未完全征服全中国，所以像康熙年间重建太和殿，就放弃了官式用料的惯例，不用楠木而改用东北松木建造，在材料的使用上，反映了当时的军事政治局势，南方产木区还在不断反抗。

清朝统治者承继了明朝统治者的全部财产，包括统治和压迫人民的整套"文物制度"。为了适应当时情况，康熙、雍正、乾隆三朝进行了各种制度和法律之制订。<u>在这些制度之中也包括了《工部工程做法则例》七十二卷</u>。这虽是一部约束性的书，将清代的官造建筑在制度和样式上固定下来，但是它对于今天清代建筑的研究是一部可贵的技术书。这部书对于当时的匠师虽然有极大的约束性，但掌握在劳动人民手中的建筑技术和艺术的创造性是封建制度所约束不住的。在"工程做法"的限制下，劳动人民仍然取得无穷辉煌的变化。⑲⑥

史家认为，清皇朝闭关自守是封建经济停滞的时代，一般地

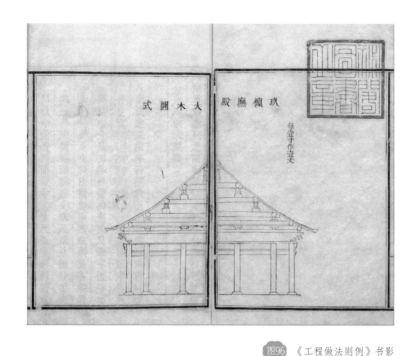

图96 《工程做法则例》书影

说，这也在建筑上反映出来。但在这整个停滞的时代里，它仍有一定限度内经济比较发展的高峰和低潮。清朝建筑的高峰和一定的创造性主要表现在乾隆时代，那是清朝260余年间的"太平盛世"。弘历几度南巡，带来江南风格；大举营建圆明园、热河行宫，修清漪园（颐和园），在故宫内增建宁寿宫（乾隆花园），给许多艺匠名师以创造的机会。各园都有工艺精绝的建筑细部。图97　图98

　　尤其值得注意的是，这时代的宫廷大量吸收了江南的民间建筑风格来建造园苑。乾隆以后，清代的建筑就比较消沉下来。即使如清末重修颐和园，也只是高潮以后一个波浪而已。

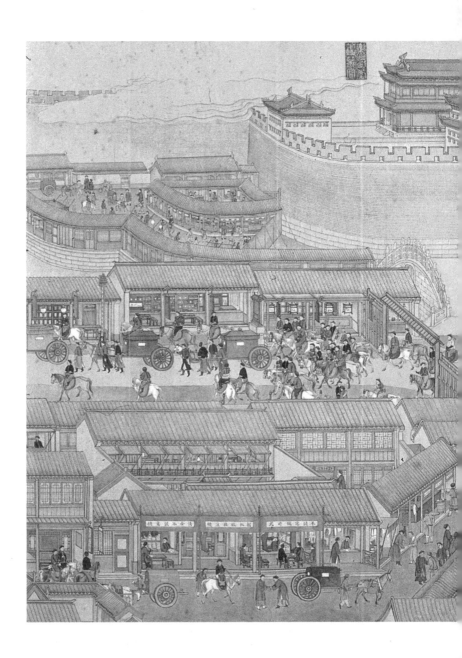

上编 林徽因说中国建筑

图97 《乾隆南巡图》卷（局部，这是乾隆南巡的
队伍从故宫正阳门出发的场面）

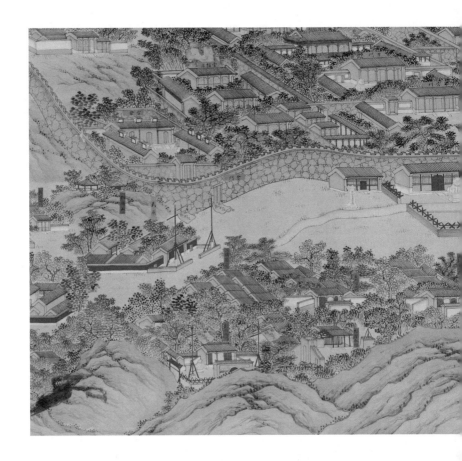

　　鸦片战争开始了中国的半殖民地化时代，赓续了109年。在这一个世纪中，中国的经济完全依附于帝国主义资本主义，中国社会中产生了官僚资本家和买办阶级。帝国主义的外国资本家把欧洲资本主义城市的阶级对立和自由主义的混乱状态移植到中国城市中来；中国的官僚买办则大盖"洋房"，以表达他们的崇洋思想，更助长了这混乱状态。

　　侵略者是无视被侵略者的民族和文化的，中国建筑和它的传统受到了鄙视和摧残。"五四"以后很短的一个时期曾作过恢复

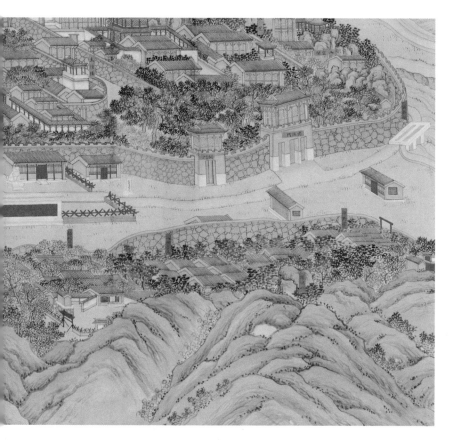

图98 ［清］管念慈《承德热河行宫全图》(局部)

中国传统和新的工程技术相结合的尝试，但在殖民地性质的反动
政府的破碎支离的统治下和经济基础上，没有得到也不可能得到
发展。

图99　十三行油画（广场后面是一排排
　　　　华丽的西式洋房）

结论

回顾我们几千年来建筑的发展，我们看见了每一个大阶段在不同的政治、经济条件下，在新的技术、材料的进步和发明的条件下，历代的匠师都不断地有所发明，有所创造。肯定的是：<u>各代的匠师都能运用自己的传统，加以革新，创造新的类型，来解决生活和思想意识中所提出的不相同的新问题</u>。由于这种新的创造，每代都推动着中国的建筑不断地向前发展，取得光辉的成就。每当新的技术、新的材料出现时，古代匠师们也都能灵活自如地掌握这些新的技术和材料，使它们服从于艺术造形的要求，创造出革新的而又是从传统上发展出来的手法和风格。在这一点上，建筑历史上卓越的实例是值得我们学习的。

中国建筑的新阶段已经开始了。新的社会给新中国的建筑师提出了崭新的任务。我们新中国的建筑是为生产服务，为劳动人民服务的。建筑必须满足人民不断增长的物质和文化的需要。劳动人民得到了适用、愉快而合乎卫生的工作和居住、游息的环境，就可提高生产的量和质，就可帮助国家的社会主义改造。我们还要求新中国的建筑，作为一种艺术，必须发挥鼓舞人民前进的作用。建筑已成为全民的任务，成为国家总路线的执行中的必要工具了。

　　过去的匠师在当时的社会、材料、技术的局限性下尚且能为自己时代社会的需要，灵活地运用遗产，解决各式各样的问题。今天的中国所给予建筑师的条件是远远超过过去任何一个时代的。我们有中国共产党和中央人民政府的英明正确的领导，有全国人民的支持，有马克思列宁主义、毛泽东思想的思想武器，有苏联社会主义建设的先进范本，有最现代化的技术科学和材料，有无比丰富的遗产和传统。在这样优越的条件下，我们有信心创造出超越过去任何时代的建筑。

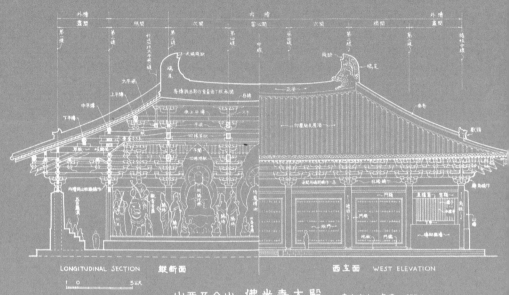

LONGITUDINAL SECTION　縱斷面　　　　　　　　　　西立面　WEST ELEVATION

山西五台山　佛光寺大殿　唐大中十一年建　857 A.D.

MAIN HALL OF FO·KUANG SSU · WU·T'AI SHAN · SHANSI

下编

中国建筑四类

叁

土木相生：从低矮洞穴到巍巍宫殿

在原始社会，我们的祖先从穴居开始，逐步掌握了建造地面房屋的技术，造出了原始的木结构房屋，满足了基本的居住要求。进入奴隶社会，随着奴隶数量的增多，再加上青铜工具的使用，供统治者居住和祭祀的宫殿、宗庙拔地而起。为了营造至高无上的威严感，宫殿往往建筑在夯土高台之上。

从山洞到房屋

我国境内迄今发现的最早的人类是元谋人，其次是北京猿人，北京猿人距今大约有 70 万年。他们的生活方式是白天制造工具、采摘果实、猎取野兽，晚上回到山洞里休息。图100 这些山洞都是天然洞穴，所以现在也称这种居住方式为"穴居"。这样的洞穴在北京、辽宁、贵州等地都有发现，也证明了这是早期人类的主要居住方式。

经过漫长的岁月变迁，我国广大地区进入原始社会晚期——氏族社会。这个时期的建筑方式发生了很大改变。现今，人们考古时发现了大量氏族社会时期建造的房屋遗址。由于各地气候、地理、材料等条件的不同，这些建筑的方式也多种多样，其中最具代表性的房屋遗址主要有两种：一种是分布于长江流域潮湿地区的干栏式建筑，另一种是黄河流域的木骨泥墙房屋。图101

干栏式建筑是一种底部架空、高出地面的房屋，由巢居发展而来。这是中国古代一种非常独特的建筑样式，不但可以防范野兽侵袭，还有利于通风、防潮，因此很适合在潮湿多雨的中国西南部亚热带地区建造。这种建筑主要分布在我国广西、贵州、云南、海南、台湾等地区。长

图100　北京猿人生活场景复原图

图101　干栏式建筑复原图

江流域干栏式建筑的典型代表是浙江余姚河姆渡遗址。河姆渡人，距今约有六七千年，是生活在长江中下游的古人类。目前遗址中发掘出的一处木架建筑遗址，长约23米，纵深约8米，据推测原来应是一座体积很大的干栏式建筑。另外，值得一提的是，河姆渡人建造的房屋是我国已知的最早采用榫（sǔn）卯技术建造的木结构房屋。

黄河流域的木骨泥墙房屋是由穴居发展而来的。黄河流域遍布丰厚的黄土层，土质中含有石灰质，墙壁不易倒塌，很适合挖作洞穴。因此，在黄土崖壁上挖穴而居是这一地区普遍的居住方式。随着原始人不断积累建造经验和技术，地面上的木骨泥墙房屋便渐渐取代了窑洞式的穴居。<u>原始社会晚期，黄河中下游经历了仰韶文化和龙山文化两个时期</u>。这两个时期的房屋所呈现的建筑方式略有不同。

仰韶文化时期的氏族已经开始过定居的农耕生活。这一时期，房屋外形主要是长方形和圆形，房屋内部已经有了隔开的房间，墙体是木骨架上扎枝条再涂上泥做成的。室内通常支有几根木柱，用来支撑屋顶中部的重量。同时，屋顶上还设有排烟口，用来排放室内烧火的坑穴中产生的烟雾。现今在陕西西安发现的半坡遗址就属于这种建造方式。半坡遗址呈椭圆形，北面是墓地，南面是居住区，东北面是陶器窑场。居住区内的房屋共有45座，分为两片区域，有一定的布局。图102

龙山文化时期半穴居的住房遗址中，出现了两个房间相连的套间。套间平面的分布就像一个"吕"字，分为内室和外室。<u>这种布置的出现说明那时人们已经开始了以家庭为单位的生活</u>。内外室都有烧火的地方，可以烧饭和取暖。外室还设有地窖，以贮藏生活物资，说明这时的人们已开始有私有财产了。此

图102 半坡遗址复原场景

时的建筑技术也有所进步,为了使室内看起来干净、明亮,地面上都涂抹了一层坚硬的白灰。这种技术在仰韶文化时期就已有应用,但是真正得到推广是在龙山文化时期,且以人工烧制的石灰为原料。另外,属于龙山文化的河南安阳后冈的房屋遗址中,还发现了土坯(pī)砖;山西襄汾陶寺村的房屋遗址的白灰墙面上,出现了刻画的图案,这是目前我国已知最早的室内装饰。

祭祀是原始人非常重要的活动,因此在原始社会文化遗址中,祭坛、神庙这种向神表达敬意的建筑也很常见,比如在浙江杭州余杭区发现的2座用土铸成的长方形祭坛,内蒙古和辽宁分别发现的3座用石头堆成的或方形或圆形的祭坛。这些祭坛都位于山丘上,远离居住区,可能是几个部落共同用于祭祀天地神或农神的。

在辽宁西部建平县内的一个山丘顶部,发现了一座神庙遗址，这是目前我国发现的最古老的神庙。据推测，神庙在修建时，先在原来的地基上挖好室内地面，然后用木骨泥墙的方法建造墙体和屋顶。神庙室内的墙面上还发现了由赭（zhě）红和白色组成的几何图案装饰。原始先民们为了表达对神的虔敬之心，将装饰艺术融入建筑当中，促成了建筑发展的一大飞跃，促进了建筑艺术向更高层次的发展。

　　龙山文化时期，部落聚居区周围筑有土墙的现象已经十分普遍，土墙可以防御外敌入侵，提高防卫能力。由此可见，<u>随着私有制和阶级出现，城市正在慢慢萌生</u>。

榫卯

　　榫卯是一种利用凹凸结合连接木构件的结构方式，凸出部分为榫（或榫头），凹进部分为卯（或榫眼、榫槽）。这种连接方式在我国古代一些家具和木制器械上非常常用。就是到了现代，家具制造中也常见这种结构方式。

 　榫卯结构

宫殿组队出现了

夏朝是中国历史上第一个王朝，从此中国进入奴隶制社会，在建筑形式上开始转向宫殿式建筑。但因为还未发现夏朝的可靠的文字证据，所以对于已经发现的遗址，究竟哪些是属于夏文化的，考古学界至今还没有统一的结论。比如河南登封的王城岗古城遗址、山西夏县古城址，至今尚未确定到底是夏朝遗址，还是原始社会末期遗址。

1960年，考古学家在河南偃师二里头遗址中，发现了一处规模宏大的宫殿遗址，该遗址应属于夏朝统治时期。这是目前我国发现的时间最早的宫殿建筑遗址。据文献记载推测，这是一座水平方向有8间，纵深方向为3间，用木骨泥墙的方式建造的木构宫殿建筑。遗址中，大大小小的宫殿多达数十座，其中规模最大的一处宫殿位于二里头遗址中部。其残存的台基近似方形，由黄土筑成，比周围的平地高出约80厘米。台基东西长108米，南北宽100米，四周有一圈回形走廊。走廊南面正中处有一个很大的缺口，估计是这座宫殿的入口。台基北面的正中间有一块长方形台面，是殿堂的基座，基座上有一圈底部以卵石为柱础的柱洞。为了将宫殿内外隔绝开，宫殿大门外东西两侧建了一圈廊庑——带房间的走廊。廊庑的修建突出了殿堂的主体地位，同时也加强了宫殿殿堂、庭院和门的联系，使整座建筑层次分明，颇为壮观。这座宫殿反映了我国早期封闭庭院的样貌。在二里头遗址的另一座殿堂遗址中，廊院的建筑更为规整。<u>在夏朝末期，我国传统的由众多院落组合的建筑群样式逐步确立下来</u>。 图104

　　商朝建立于公元前 16 世纪，是我国奴隶社会的大发展时期。目前已经发现的商朝遗址中，出土了大量青铜器、兵器、生活工具，还有刀、斧、铲、钻等生产工具。<u>这说明商朝的青铜工艺已经非常纯熟，手工业已经有了明确的分工</u>。再加上商朝时大量奴隶劳动力的集中劳作，商朝的建筑水平明显提高。1983年，我国考古学家在河南偃师发现了一座早商遗址。这座遗址位于二里头遗址以东五六千米处，考古学家认为这里是商朝建立初期的都城——亳（bó）。整个都城分为宫城、内城、外城三部分。宫城建于内城南北方向的中轴线上，外城则是后来在内城的基础

图104　二里头遗址一号宫殿复原模型

上扩建的。目前宫城中的宫殿遗址都是庭院式的建筑，宫殿主体有90米长，是早商建筑遗址中单体建筑实体规模最大的。

商朝建立之后曾多次迁都，第十九位君主盘庚（不计太丁）迁至殷地，在殷定都270多年，因此商朝又称"殷"或"殷商"。经考古学家研究，位于河南安阳西北郊小屯村的殷墟遗址就是商后期都城殷的遗址。遗址中发现了大量记载商朝史实的甲骨卜辞，是中国历史上第一个被考古发掘证明为有文字记载的古代都城遗址。这座都城沿流经安阳的洹水（今安阳河）而建。洹水最曲折处为遗址的正中部，是一座宫殿，宫殿的西部、南部为作坊区，东部、北部是墓葬区，也有些民居和手工作坊零散地分布于此。大部分民居分布在洹水以东和宫殿的西南、东南处。

遗址主体分为北区、中区、南区三部分。北区没有殉葬区，可能是王室居住的地方。中区可能是商王商议朝政和宗庙的所在地。其基址是一座庭院，沿轴线设有3道门，轴线尽头是一座中心建筑，往下有殉葬区，门址处有五六个手持武器的侍卫以跪姿被葬。南区可能主要是王室祭祀的地方，人畜殉葬区对称分布于轴线两侧。宫室周围分布着一些或长方形或圆形的地下室，那是给奴隶住的。中区、南区基址下的奴隶殉葬区，应该是举行祭祀等大型活动时专门建造用来埋葬奴隶的，有些奴隶是被排成一列后杀头殉葬的。殉葬人数最多的一片葬区有31人。奴隶是奴隶主的个人财产，可以被任意处置，甚至可能随时被杀掉殉葬，这充分体现了奴隶制度的残酷性。

周朝建立后，根据宗法制分封同姓诸侯。各诸侯王在自己的封地上建造都城和城池，因此周朝时城市建设发展迅速。周朝的城市基本都是以政治和军事为目的建造的。政治上权力的层层分封，奴隶主内部森严的等级在城市建设上也得到体现。诸侯封地内，<u>最大的城市不能超过王都的三分之一，中等城市不能超过五分之一，小的城市不能超过九分之一</u>。不只城市规模，连城墙修多高，道路修多宽，以及一些重要建筑物的修建，都要严格遵循等级制度，否则就是僭越。到了周朝后期，即战国时期，王室衰弱，诸侯强大，各诸侯国已经不再遵守这种等级森严的建城法则，出现了很多新兴城市。

周朝以周平王东迁为界分为西周和东周两个时期，东周时又以韩、赵、魏三家分晋为界分为春秋和战国两个阶段。<u>在陕西岐山的凤雏村发掘出了早期西周建筑遗址，很有代表性。那是一组四合院式建筑，规模不大，却是我国已知最早、最规整的四合院建筑</u>。根据遗址中出土的甲骨文推测，这是一座宗庙遗址。建筑主体为两座院落，前后院用廊子连接，廊子建在两座院子的中轴线上。院落四周围有一圈廊庑，房屋下铺设排水的陶管和暗沟。值得一提的是，遗址中的屋顶已经采用了瓦。瓦一般是由泥土烧制而成，有拱形的，有半圆筒形的，还有平的，主要是用来铺设屋顶的。制瓦是在陶器制作的基础上发展而来的。凤雏村遗址属于周朝早期遗址，瓦基本只应用在屋脊和屋檐处，应用比较少。周朝中晚期的遗址中，瓦用得越来越多，出现了全部用瓦铺成的屋顶，瓦的质量也有所改进。

高台榭，美宫室

到了春秋时期，瓦在建筑中的使用已经相当普遍。山西、湖北、河南、陕西等地发掘的春秋时期遗址中，发现了大量各式各样的瓦，还有专门放于屋檐前端的瓦当和半瓦当。陕西凤翔的秦雍城遗址中，还出土了规格统一的砖和结实而带花纹的空心砖。这说明在春秋时期，我国已经开始在建筑中使用砖了。图105

春秋时期在建筑上的一个重要发展是出现了高台建筑——台榭。台榭主要用于建造各诸侯王的宫室，一般先在城内筑起数座高台，高约 10 米，再在上面建造殿堂和居室。山西侯马晋国遗址中发现了

图105　秦砖

一座高 7 米的夯土台，面积约 5600 多平方米。夯土是古代的一种建筑材料，指经过加固处理，密度比自然土大，又很少有空隙的压制混合泥块。高台建筑最开始是出于政治、军事的需要，后来也有单纯为享乐而建造的。

战国时期，封建生产关系日益成熟，最终封建制取代了奴隶制。之前专门为奴隶主服务的手工业得以自由发展，从而促进了商业的发展、城市的繁荣。春秋时期之前，城市的建设多以政治为目的，规模不大；到战国时经济文化发达，城市规模不断扩大，城市建设迎来了一个新的高潮。很多诸侯国的都城，如齐国的临淄、赵国的邯郸、魏国的大梁都发展成了大型的工商业城市。比如，战国时期齐国故都临淄的城市遗址中，可以看到城内街道纵横，铁器作坊和制骨作坊散布各处，就连宫殿周围都有多处作坊。另外，齐国宫殿的遗址处仍留有一个高达14 米的高台。

战国时的很多城市遗址都留有这样的高台，燕国的大城市下都遗址中目前有大大小小 50 多处。近年，秦国都城咸阳的一座宫殿高台建筑遗址被发掘出来。这座高台呈长方形，高 6 米，面积约 2700 平方米。台上殿堂、居室、回廊、浴室、仓库、地窖高高低低，形成了一个错落有致的建筑群，十分壮观。在这组建筑中，寝室有火炕，居室和浴室里有壁炉，地窖可冷藏食物，还设有排水系统，设施齐全，显示了战国时的建筑水平。可见，当时关于"高台榭，美宫室"的记录确实不假。

西周初年分封诸侯国的目的主要是巩固新建立的周政权，维护周朝的统治。早在原始社会向阶级社会过渡的时候，就存在着大大小小成千上万个部落，一个部落可以说就是一个诸侯国。这些诸侯国相互独立，通过征服或联盟的方式结成国家。相传，大禹治水成功、被推举为王时，前来祝贺朝拜的有"万国"之多，这些部落小国经过夏、商上千年的分化组合，到西周灭商时仍然有1000多个。西周建立后，不可能将这些诸侯国一一兼并。那么，如何防止这些诸侯国强大起来威胁周朝的统治呢？

西周的统治者想出了一个办法：一方面，对原来的诸侯国重新进行分封，甚至恢复一些已经灭亡很久的诸侯国来笼络人心；另一方面，把周王室子弟和功臣也分封到全国各地，以便监视和控制这些诸侯国。据说西周初年周公摄政时有一次分封了71个诸侯王，其中王室子弟就占了53人。就这样，西周初年的诸侯国就越封越多了。这些诸侯国都很小，便于统治者控制，对维护西周初年的政治安定的确起到了积极作用。而由此形成的分封制，则对中国后世历朝的政治发展产生了深远的影响。

阿房宫：天下第一宫

据《史记·秦始皇本纪》记载，秦国在统一六国的过程中，每灭掉一个诸侯国，就会在咸阳北面的山坡上仿造该国宫室。建立秦帝国以后，秦始皇迁徙天下富豪人家12万户到咸阳居住，并大兴土木，建宫筑殿，还将南边濒临渭水，从雍门往东直到泾、渭两河交会处的殿屋，用天桥和环形长廊互相连接起来。后来，秦始皇觉得都城咸阳人口多，先王的宫室窄小，听说周文王建都在丰，周武王建都在镐（hào），丰、镐两城之间才是集合帝王之气的所在，于是在秦始皇三十五年（前212），下令在丰、镐之间，渭河以南的皇家园林上林苑中，营造一座新朝宫。这座朝宫便是后来被称为"天下第一宫"的著名宫殿——阿房宫。图106

修建之初，这座宫殿没有名字，秦始皇本打算等整座宫殿竣工之后，再正式为其命名。最先开始修建的是前殿，因前殿所在地名为阿房，所以人们就暂时称它为阿房宫。但是这座宫殿工程实在是太庞大了，尽管几十万苦役每天不分昼夜地辛苦营建，但一直到秦朝灭亡，仍然没有建完。阿房宫这个名称就流传了下来。

阿房宫是秦朝建立以后所建宫殿中规模最大的。经历了两千多年的岁月洗礼，这

座辉煌的宫殿早已没有了当初的雄伟壮观，只剩下一些遗迹供后人参详。现今的阿房宫遗址集中区位于西安未央区三桥镇一带，总面积约15平方千米，主要有前殿遗址、上天台遗址、磁石门遗址等几个部分。

我们现在所熟知的历史是，阿房宫被楚霸王项羽一把火化为灰烬。这一历史的主要文献资料依据是司马迁的《史记·项羽本纪》和唐代诗人杜牧写的《阿房宫赋》。但是，考古学家在阿房宫遗址的考古挖掘中，并未发现焚烧的痕迹，所谓"项羽火烧阿

图106　阿房宫复原图

房宫"当是历史误传。其实，《史记·项羽本纪》中记载的只是
"烧秦宫室，火三月不灭"，并没有明确说烧的就是阿房宫。让后
人对项羽火烧阿房宫深信不疑的是杜牧的《阿房宫赋》。但杜牧
写这篇文章意在讽刺当时统治者唐敬宗大兴土木，为了达到反讽
的效果，在极度夸大了阿房宫的雄伟壮观之后，又说它被烧成了
焦土。后世臣子也都是借秦之喻，讽谏当朝帝王。

　　春秋战国时期，各国诸侯为了能在敌人入侵时及时通知战事，大量修筑烽火台，又在烽火台之间修建城墙将其连接起来，这就是最早的长城。

　　秦统一六国后，为抵御匈奴侵扰，秦始皇征用近百万劳动力，把战国时赵、秦、燕、韩等国的旧有长城连接起来，同时又增筑扩充了许多部分，形成了超过5000千米的万里长城。

　　秦朝以后，我国的历代王朝都根据实际的战争需要在北方不断修筑长城。因此，长城在每个历史时期的长度是不一样的。据文献记载，长城最长的时代是在汉代，随着汉代对西域控制的加强，长城也在不断地向西延伸，西起新疆、东至辽东的汉长城长度超过10 000千米，已经有两万里之遥了！我们今天看到的长城主要是明时期修建的，西起嘉峪关、东至鸭绿江，已经比汉代的长城短了很多，但根据最新的测量数据，依然有8800多千米。

　　因此，自秦始皇时代修筑的长城开始，我国历代长城的长度都在万里之上，可以说是古往今来世界上规模最大的人工建筑，被称为"万里长城"是当之无愧的。

建章宫建于公元前 104 年，是汉武帝刘彻建造的宫苑，建成后便成了汉武帝朝会、理政的地方。新莽末年，这组庞大的宫殿建筑毁于战火之中。

建章宫建筑群的外围筑有城墙，宫城中分布着众多不同组合的殿堂建筑，规模宏大，号称有"千门万户"。据史料记载，建章宫里有许多殿阁、楼台，和前代宫阙相比，高层建筑很多，从而使得整个宫殿群显得错落参差、高阙入云。汉武帝甚至为了方便往来于未央宫之间，跨城修筑了飞阁辇（niǎn）道，可直通未央宫。另外，建章宫也开创了前宫后苑式的宫苑相结合的形式，对后世的宫殿设计产生了深远影响。

建章宫的南面有宗庙、社稷坛等礼制建筑，西面是范围广阔的上林苑。上林苑本为秦始皇所建，汉武帝时予以扩建。上林苑有宫殿 30 多处，苑中还挖了昆明池，从西南引池水入城，经昆明池后向东流出城，流出城的水最后注入郑渠，和黄河相通。昆明池可用于城市供水和漕运，甚至可以在其中训练水军。这样的设计既方便水路运输，又可以供农业灌溉，是一举数得的蓄水、引水工程。

现在的建章宫遗址位于西安的高堡子村

和低堡子村一带，也就是汉长安城的上林苑中。宫城呈长方形，东西长 2130 米，南北长 1240 米，今地面尚存的有前殿、双凤阙、神明台和太液池等遗址。

前殿遗址位于高堡子村，仅剩高大的夯土台基，地面上还有巨大的柱础石。遗址中发现了西汉常见的建筑材料，如铺地方砖和印有"天无极""长乐未央"字样的瓦当等。图107 另外，还有一块青灰色带字砖，上有"延年益寿，与天相待，日月同光"12 个字，砖为长条形，由陶土制成，两侧边稍微倾斜，上有圆孔。

图107　印有"长乐未央"的汉代瓦当

双凤阙遗址位于双凤村东南，是建章宫的东门，距离建章宫前殿有 700 米，因门上装有两只十分高大的鎏金铜凤凰而得名。西汉末年，双凤阙毁于战火，现在只能看到一座宫门形状的夯土台。

神明台又名承露台，为汉武帝在公元前 104 至前 100 年修建，是建章宫中最为壮观的建筑物。台高 50 丈（约 120 米），台上立有巨型的铜铸仙人。仙人手托一个直径 27 丈的大铜盘，盘内有一只巨大的玉杯，玉杯是用来承接天上洒下来的露水的，故名"承露盘"。汉武帝刘彻慕仙好道，认为露水是天赐的"琼浆玉液"，喝了可以延年益寿、得道成仙。在《三辅黄图》引《庙记》中记载：

> 神明台，武帝造，祭仙人处，上有承露盘，有铜仙人，舒掌捧铜盘玉杯，以承云表之露，以露和玉屑服之，以求仙道。

汉武帝非常迷信，相信在高入九天的地方可以和神仙为邻，聆听神旨，因此在神明台上还设了九室，象征九天，里面住有百余名巫师，替他和神仙沟通。

神明台保存了 300 多年，魏文帝曹丕在位时，承露盘还在。文帝定都洛阳，想把它也搬到洛阳去。后来，人们勉强将铜盘搬到灞（bà）河边，因实在太重，再也无法向前挪动，最终丢弃而不知去向。如今的神明台遗址位于六村堡乡孟家村东北角，历经两千多年的风吹雨打，现仅存一大块千疮百孔的夯土台基。

太液池遗址在建章宫前殿西北 450 米处，象征北海。太液池占地 10 顷，有沟渠将昆明池水引来，是一个面积宽广的人工湖。

北岸有人工雕刻的石鲸，长3丈、高5尺（约1.2米）；西岸有3只石鳖，长6尺；池中还有各种石雕的游龙、珍禽和异兽。池中置有鸣鹤舟、容与舟、清旷舟、采菱舟、越女舟等各种游船。为了求仙得道，汉武帝在池中建了一座很高的渐台，并筑3座假山以象征蓬莱、方丈、瀛洲三神山。三神山的传说源自先秦记录神仙传说的古籍《山海经》，从汉武帝开始，这一传说被应用到宫廷苑囿的水面布局上，形成了"一池三山"的模式。这种布局对后世影响深远，直到明清时期仍然不绝。例如位于故宫、景山西侧的西苑（三海），建有琼华、水云榭、瀛台三岛；圆明园西边的清漪园（现为颐和园）中，昆明池里建有南湖岛、藻鉴堂岛、治镜阁岛三洲；等等。

大唐的心脏——大明宫

大明宫是唐代的皇宫禁苑，位于唐代都城长安的东北部。原本大明宫是唐太宗李世民为安置自己的父亲李渊而修建的，但是还未等修建完成，李渊就去世了。到后来，大明宫成了唐代帝王起居和听政的地方。由此，大明宫也成了唐王朝的政治中心和唐代的象征。大明宫在长安城的高地，站在大明宫居高临下，甚至可以看到长安城的街景。

大明宫总体可分为前朝和内廷两部分，前朝的主要作用是朝会，内廷的主要作用是居住和宴游。大明宫的正门是丹凤门，以北主要宫殿有含元殿、宣政殿、紫宸殿、蓬莱殿、含凉殿和玄武殿，它们都分布在一条贯穿南北的中轴线上，宫里的其他建筑也大致沿着这条轴线分布。

在含元殿前东西两侧，有名为翔鸾、栖凤的两个阁楼，和一条与平地相连通的龙尾道。经过考古发掘得知，含元殿是一座有十几间屋子的殿堂，殿阶全部为木质。殿前的龙尾道是一条长70多米的坡道，用来供臣子们登朝临见，坡道共有7折，远远看去就好像一条龙尾，这条道也因此而得名。含元殿以北，有宣政殿和紫宸殿。宣政殿是皇帝临朝听政的地方。紫宸殿则是内朝的正衙，群臣入紫宸殿朝见，

图108 鸟瞰大明宫国家遗址公园

称为"入阁"。

玄武门是大明宫北面的正门，现今的遗址已经模糊不清，根本看不出门的形状。后来在发掘中发现，玄武门只有一个门道，两侧为夯土门楼基座，周围为砖砌的墙壁。门南面两侧铺设莲花方砖，连接着门道的砖壁。整个玄武门的基座是梯形的，下大上小。门道中间有一道石门槛，门槛非常光滑，主要是为了方便过车，门槛上还有两道2米宽的车辙沟。根据车辙沟的磨损情况可以看出，玄武门的车流量比较大，门槛内外的路上还可以清楚地看到车辙沟痕。据史料记载，这里曾驻扎重兵。当年唐太宗李世民就是在玄武门附近发动了政变，杀死了太子李建成和齐王李元吉，最终继承皇位。

据考古发掘推算，大明宫的面积大约为北京紫禁城的4倍多，也就是相当于3个凡尔赛宫、12个克里姆林宫、13个卢浮宫或500个足球场，足以看出大明宫规模之宏大。站在今天的大明宫遗址上，依然可以感受到当年大唐盛世的繁华与气魄。

1402 年，明代开国皇帝朱元璋第四子燕王朱棣攻破京城南京，夺取帝位，即明成祖，第二年改元永乐，改北平为北京。永乐四年（1406），明成祖决定迁都北京，于是下令仿照南京皇宫，在元大都宫殿的基础上营建北京宫殿。1420 年，北京城建成；第二年，迁都北京，称北京为京师，南京为留都。

故宫经历了明清两朝 24 位皇帝，历经 500 多年，是帝后活动、政治决策、权力斗争、宗教祭祀等的核心区域，更成了明清两朝皇权统治的代名词。故宫又名紫禁城，紫是指紫微垣，也就是北极星。依照中国古代星象学说，紫微垣位于天中央的最高处，位置永恒不变，是天帝所居。因而，天帝所居的天宫称为紫宫。而明成祖是地上的皇帝，是天下的中心，为了表示天人对应，便把他住的地方称为紫禁城。图109

故宫占地 72 万平方米，共有殿宇约 8700 多间，四面环有高 10 米的城墙，南北长 961 米，东西宽 753 米，外围有护城河环绕，约长 3800 米，宽 52 米，构成了完整的防卫系统。故宫都是砖木结构，屋顶铺设黄琉璃瓦，底座为青白石，并用金碧辉煌的彩绘装饰，是目前世界上现

<u>存规模最大、最完整的木质结构古建筑群。</u>

太和殿、中和殿、保和殿是前朝三大殿，是政权统治中心。按照前朝后寝的古制，故宫的后半部分就是皇帝及嫔妃生活娱乐的地方，即内廷。前朝与内廷的宫殿以乾清门为分界线。乾清门以南为前朝，以北为内廷。内廷以乾清宫、交泰殿、坤宁宫，即后三宫为中心，其中乾清宫是皇帝正寝，坤宁宫是皇后的住所，在两宫之间是交泰殿。乾清宫的东西两侧有东六宫、西六宫、乾东五所和乾西五所。这样的布局符合当时的星象学，<u>乾清宫是天，坤宁宫是地，东西六宫是十二星辰，乾东西五所是众小星，这样就形成了一个众星拱卫的格局</u>，无非是为了突出皇帝的神圣。

乾清宫位于内廷最前面，是内廷正殿，高 20 米。殿的正中有宝座，上有"正大光明"匾。这块匾在清雍正以后，成为放置皇位继承人名字的地方。乾清宫东西两侧是皇帝读书、就寝的暖阁。西暖阁上下两侧放置 27 张床，皇帝可随意选择，据说这样设置是为了防止刺客行刺。康熙之前，清朝皇帝都是在此居住并处理政务的；雍正之后，皇帝就移居养心殿，但仍在这里处理政

 故宫

事，批阅奏报，任命官吏和会见臣下。乾清宫周围设置有皇子读书的上书房，有翰林学士值班的南书房。

故宫有 4 个门，正门是南面的午门，北面是神武门，东面是东华门，西面是西华门。

午门位于紫禁城南北轴线上，是紫禁城的正门，居中向阳，位当子午，因此名为午门。午门东西北三面环绕着 12 米高的城台，形成一个方形广场。北面是庑殿顶的门楼，东西城台上各有 13 间殿屋，依次从门楼两侧向南排列开，好像大雁的翅膀，因此也称"雁翅楼"。东西雁翅楼南北两端的四角，各有高大的角亭，与正殿呈辅翼之势。这种门楼称为"阙门"，是中国古代形制最高的大门。午门气势威严，好似被三山环绕，中间突起五峰，非常雄伟，因此也称"五凤楼"。

午门从南面看有 3 个门洞，但实际上有 5 个门洞，在东西城台的里侧，还有 2 个掖门。这 2 个掖门分别向东、向西伸进地台，再向北拐，从城台北面出去。因此，在午门的背面，能看到 5 个门洞。这就是古人认为吉利的"明三暗五"的形式。这几个门洞中，中间的正门平时只供皇帝一人出入，皇后可以在大婚时进一次，科举考试的前三名状元、榜眼、探花可以从此门走出一次。剩下的东侧门是供文武大臣进出的，西侧门是供宗室王公出入的。边上的 2 个掖门平时不开，只有在举行大型活动时才开启。午门是皇帝下诏书，下令出征，彰显皇威的地方。宣读皇帝圣旨，颁发年历书，文武百官都要在午门前广场集合听旨。民间有"推出午门斩首"的传言，这其实是以讹传讹。明清皇宫门前极为森严，绝不会在此处决犯人，必须押往柴市（今北京东城区府学胡同西口）或菜市口等专门的刑场行刑。图110

神武门是故宫的北门，也是一座城门楼形式，殿顶是最高形制的重檐庑殿式屋顶，但是它的大殿左右两侧没有伸展出来的殿屋，在级别上要比午门略低。神武门明代时名为"玄武门"。青龙、白虎、朱雀、玄武为古代传说中的四神兽，各主一个方位，其中玄武主北方，因此帝王宫殿的北宫门多取名"玄武"。清代至康熙帝时，因避康熙"玄烨"的名讳，改名"神武门"。神武门是宫内日常出入的门禁，现神武门为故宫博物院的正门。

东华门与西华门分别在故宫东西两侧，遥遥相对。两门的城台为红色，城台上建有城楼，有黄琉璃瓦屋檐，平面呈长方形。这两座门在形制上属同一级别，门外都设有下马碑石、白玉须弥座，门上有 3 座圆拱形小门，门洞外方内圆。

故宫四门中，午门、神武门、西华门的门钉规制相同，都是"横九纵九"，寓意九九归一，代表皇权至高无上。东华门与其他三门不同，是"横九纵八"，有 72 颗门钉。古人认为奇数为阳、偶数为阴，九是阳数，二是阴数，皇帝死后其灵柩从东华门运出，因此其门钉数量为阴。东华门也俗称"鬼门"。

故宫是几百年前中国劳动人民智慧的体现。它布局严整，用形体变化、高低起伏的手法体现封建社会的等级制度，一砖一瓦都在宣示皇权的至高无上。故宫的形体虽然多变，却能兼顾平衡和谐，不管是设计还是建筑，堪称无与伦比的杰作。

天坛

天坛是明成祖朱棣迁都北京后，仿照南京天坛的形制修建的用于祭天地的场所。自建成后，每年冬至、正月等时节，皇帝都要带领群臣来天坛举行祭祀仪式，祈祷皇天保佑，五谷丰登。这个传统一直延续到清代。

天坛建筑布局呈"回"字形，分内坛、外坛两大部分，中间有墙垣相隔。最南的围墙呈方形，象征地，最北的围墙呈半圆形，象征天，寓意天圆地方；北高南低，表示天高地低。内坛有一条南北向的轴线，天坛的主要祭祀建筑集中在内坛中轴线的两端。中轴线以南有圜丘、皇穹宇，用于祭天；以北有祈年殿、皇乾殿，用于祈谷。这两组建筑被一条南北贯通、南低北高的甬道——丹陛桥连接。坛内还有巧妙运用声学原理建造的回音壁、三音石、对话石等。由此可见，中国古代建筑工艺的水平已经相当发达了。

畏威敢罪者
已已偹德敬
俾今丙申真
首萄呈非戎
芊生人絪縶
是字人絪縶
凱歌聲靈恭
俒武歉騰禋
樂術四沭
天恩陈時泰

图110　[清]徐扬《平定两金川战
图册之午门献俘》

肆

虽死如生：帝王的地下世界

在古代，埋葬死人的地方被称为墓，而帝王之墓被称为陵。在古人的眼中，人死后虽身体会腐烂消失，但人的灵魂会去一个名叫「阴间」的地方。在那里，人同样有衣食住行等需求。帝王生前是「天之子」，死后也要将现实世界的荣耀与富贵带到地下，于是产生了中国古代特有的厚葬制度和陵墓建筑群。

秦始皇的地下宫殿

秦始皇陵位于今陕西省的骊山北麓，是中国历史上第一个皇帝嬴政的陵墓。陵园建于公元前247至前208年，主要由当时的丞相李斯主持规划设计。<u>本着秦始皇死后同样享受帝王的功业和荣华的原则，陵园仿照秦朝都城咸阳的布局修建</u>。工程耗时长达39年，规模浩大，气势宏伟，开封建统治者奢侈厚葬的先河，是中国历史上著名的皇帝陵园之一。

秦始皇陵的总体建筑布局分为内外城两部分，内外城中包含封土、地宫、陪葬墓、陪葬坑等建筑物，整个陵园以陵冢为核心向四周扩展。目前陵区内探明的大型地面建筑有寝殿、便殿、园寺吏舍等遗址。

地宫用来安放秦始皇的遗体。寝殿是秦始皇"灵魂"起居休息的地方。外城东侧有著名的兵马俑坑，外城西侧有石料加工场、砖瓦窑场以及修陵人墓地等。

秦始皇陵地宫的中心是"玄宫"，玄宫其实就是地下宫殿，安放的是秦始皇的棺椁（guǒ），为陵墓建筑的核心。据《史记·秦始皇本纪》记载，秦始皇陵挖到了有泉水的地方，然后熔铜浇铸。墓室中修建了宫殿楼阁，其中遍布奇珍异宝，还安排了百官觐见的位次。墓室穹顶用宝石明珠装饰，象征着天上星辰；地面按照中国河流的走势灌注了水银，喻指奔流不息的江河大海。墓室内点燃着用鱼油制成的照明灯，据说可以长明不息。

秦始皇陵地宫内部安设了相当严密的防盗系统。**相传，地宫周边填了一层很厚的细沙，形成沙海，使盗墓者无法通过挖洞进入墓室**。这是秦陵地宫的第一道防线。沙海只是传说，设有暗箭机关则是有明确记载的。据司马迁《史记》中记载，秦始皇陵内设有暗弩，盗贼一旦进入就会触动机关，被强弩射死。除了暗弩，陵内还设有陷阱，盗贼即便躲过暗弩，也会掉入陷阱。另外，秦陵地宫中灌注了大量水银，水银蒸发后气体有

毒，也会把盗墓者毒死。

陵墓周围布置了巨型兵马俑阵。兵马俑坑内的陶俑士兵都是按照真人比例塑造，仿制的是秦宿卫军。陶俑大概有 8000 个，有步兵、骑兵、车兵等几个兵种，他们有的手拿弓箭，有的策马前行，有的手持刀戟，像是随时做好了战斗准备。几千个陶俑排列在坑内，看上去十分壮观。还有一个独特的地方就是，他们都面向东方放置，似乎在向世人昭示秦人雄踞西方、横扫东方六国的功绩。陵墓内的设置，无不体现了这位始皇帝至高无上的权力和威严。图111

图111　秦始皇陵兵马俑阵

兵马俑坑位于地宫东侧，属于秦始皇陵的陪葬坑，1974 年被当地打井的农民发现，埋葬在地下两千多年的宝藏由此得以面世。兵马俑坑现已发掘 3 座，坑内有陶俑、陶马和青铜兵器等陪葬品。陵墓四周有陪葬坑和墓葬 400 多个，除了兵马俑坑，还有铜车马坑、珍禽异兽坑、马厩坑等，历年来不断有重要历史文物出土，至今已达 10 万多件。在这些文物中，有一组彩绘铜车马，由高车和安车组成，形制巨大、造型逼真、装饰华丽、结构完整，被誉为"青铜之冠"。图112

地宫的正上方露出地面的部分为封土。封土就是在地面上覆盖着墓室的土丘。这种墓葬形制称作"冢墓制"，是春秋战国之际新出现的。用封土覆盖陵墓，是这种墓葬形制的主要特

图112　彩绘铜车马之———安车

征。秦始皇陵的封土是用土筑造而成，外观覆斗形，底部近似方形，整体呈四方锥形。封土顶部略平，中部有两个缓坡状台阶，形成了三级阶梯。封土高 115 米，历经两千多年的风雨侵袭，现还剩 87 米，如今它的上面已被树木植被覆盖，远远望去高耸有如山丘，已形成了一种独特风貌。为了修建封土，秦始皇下令从湖北、四川等地运来建筑材料。为了不让河流冲刷侵蚀陵墓，他还下令改变流经此处的河流的流向。

秦始皇陵区还发现了很多陪葬墓，有近百座。考古工作者曾对一座陪葬墓进行发掘，共发现 7 具人骨架，其中女性 2 人、男性 5 人，除一女性为 20 岁左右外，其余 6 人均在 30 岁左右。墓主大多身首异处，死于非命。根据专家推测，这些陪葬墓群的墓主很可能是秦始皇的公子、公主及后宫的从葬者。这些墓葬都有棺椁，还有一定数量的陪葬物，显示墓主的身份显赫，但也不能掩盖他们悲惨的命运。

中国的金字塔——茂陵

汉武帝茂陵，位于陕西兴平东北的茂陵村。茂陵的封土为覆斗形，陵园呈方形。至今陵园的东、西、北三面仍有残存的土门，陵墓四周有李夫人、卫青、霍去病、霍光等人的墓葬。茂陵修建时间长达53年，是汉代帝王陵墓中规模最大、陪葬品最丰富的帝陵，被称为"中国的金字塔"。

公元前139年，汉武帝选址当时的槐里县（今陕西兴平）茂乡修建寿陵，故称"茂陵"。据史料记载，茂陵工程浩大、结构复杂。为了修建它，汉武帝从各地征调建筑工匠、艺术学者3000余人，动用全国赋税总额的三分之一，作为建陵和征集随葬物品的费用。直至公元前87年，汉武帝去世，茂陵才修建完成。

据现今考古发掘，茂陵共有两圈城墙，东南西北四个方向各有一条墓道，呈"亞"字形，这是古代墓葬形制中规格最高的一种。陵园内外共发现陪葬坑400座，坑内有大量的陪葬品。朝廷还专门设置了为汉武帝守陵的县城茂陵邑，面积超过8000平方米。光是守陵的城池就有这样的规模，可见茂陵之宏伟。此外，陵园内还发现了修陵人的墓地，面积约4万平方米，估计埋有几万具尸骨，让人可悲可叹。

汉武帝的棺椁现存于茂陵博物馆，因棺椁多用梓木制作，又称"梓宫"。汉武帝的棺椁是五棺二椁，五棺是天子所用的最高等级礼制。五层棺木所用木料是楸（qiū）木、梓木和楠木。这三种木料质地坚硬，可防潮隔湿，防腐蚀。梓宫的四周设有4道门，并设有便房和黄肠题凑的建筑。便房其实就是模仿活人居住和宴请的厅堂，是放置墓主生前最为珍爱的物品的地方，为的是死后可以在阴间继续使用。黄肠题凑是指椁室四周用柏木枋（fāng）堆成的一种墓室结构。黄肠是指黄心的柏木。题凑是指一种摆放样式，即木头的端头都指向内，若从内侧看，四壁只见木头的端头。汉武帝死后，为他制作的黄肠题凑堆叠了10 000多根同一尺寸的黄肠木，费了很多人工将表面打磨光滑。

汉武帝死后，入葬梓宫内，口含蝉玉，身着金缕玉衣。玉衣也称"玉匣"，是汉代皇帝和高级贵族死后穿用的丧葬殓服，全部用金属丝线连缀玉片而成，外观与人体形状相同。玉衣体现了穿戴者的身份等级，用金线连缀的是给皇帝及部分近臣用的，称为"金缕玉衣"；其他贵族只能用银线、铜线连缀，称为"银缕玉衣""铜缕玉衣"。汉武帝身高体胖，他所穿戴的玉衣形体很大，每块玉片上都刻有蛟龙弯凤鱼鳞的图案，世称"蛟龙玉匣"。

汉武帝在位时间长，且在位期间经济繁荣，国力鼎盛，他的随葬品非常多，连活的飞禽走兽也会陪葬，地宫内存放着大量稀世珍宝。茂陵出土的文物有很多，其中比较有名的是鎏金铜马、鎏金银高擎竹节熏炉、错金银铜犀尊和四神纹玉雕铺首等。

埋葬两个皇帝的乾陵

乾陵是唐高宗李治和女皇武则天的夫妻合葬陵墓，位于陕西咸阳的梁山上，始建于684年，706年加盖。梁山共有3座山峰，乾陵建在海拔最高的北峰上。另2座山峰较低，被称为双乳峰。双乳峰东西相对，中间有司马道。图113

整座乾陵依长安城的格局建造，气势宏伟。从现在的遗址来看，乾陵原本有4个城门、两重城墙，还有宫殿楼阁等很多规

模宏大的建筑物。其中4个城门分别为：南门朱雀门，北门玄武门，东门青龙门，西门白虎门。进入乾陵大门后，是500多级台阶，走完台阶即是一条平宽的道路，即"司马道"。司马道可以一直通到乾陵墓碑。

司马道两旁有很多石刻雕像，首先看到的是两根8米多高的石华表。石华表是帝王陵墓的象征。然后是两匹石刻翼马，翼马的雕刻非常精美，两翼上雕有卷云纹，给人一种展翅欲飞的感觉。紧接着是优美的高浮雕鸵鸟、石仗马与驭马人组合，还有10对高近4米的翁仲石像。传说翁仲是秦朝镇守临洮的大将，威震四方。秦始

图113　通往乾陵的司马道

皇在咸阳宫司马门外立翁仲像，后来的帝王们便沿袭了这一做法，在需要守卫的地方立翁仲石像。

翁仲石像的北面是两块石碑，西边的一块是唐高宗的金字述圣纪碑，为武则天所立，碑上所写主要是唐高宗的功德。碑文为武则天撰写，刻好后填以金屑。这座碑又叫"七节碑"，因为碑总共分为 7 节，分别代表日、月、金、木、水、火、土，喻示唐高宗的功绩如日月星辰光照天下。原本碑上还有碑亭，现在已经不在了。

东边的石碑是武则天为自己立的无字碑，碑身两侧各雕有 4 条相互缠绕的龙。碑身线刻有升龙图，碑座线刻有狮马图。整个无字碑用一块巨石雕成，高大宏伟，碑上没有刻字，引起人们无数猜想。民间对于无字碑有三种说法：第一种说法认为，武则天立无字碑就是想夸耀自己的丰功伟绩已经到了没有文字所能表达的地步；第二种说法认为，武则天立无字碑是因为自知罪孽深重，无法写碑文，所以还不如不写；第三种说法认为，武则天是一个聪明绝顶的人，立无字碑就是她聪明的体现，功过是非不自己说，留待后人评说。现在这三种说法中，大家更倾向于最后一种。

走过了司马道，便是"唐高宗乾陵"的墓碑。这块墓碑是清乾隆年间陕西巡抚毕沅所立，原来的碑已经被毁。在这块碑的右前侧，还有一块墓碑，碑上有郭沫若题写的"唐高宗李治与则天皇帝之墓" 12 个大字。

　　乾陵还有一处独特的景观，就是在朱雀门外分立两侧的石人群像。这些石像共有60多尊，整齐地排列在两旁，显得很恭敬。这些石像和真人差不多大小，不过都没有头，人们习惯上把这些石像称为"无头石像"。这些无头石像的衣着各不相同，但是两两并立，两手前拱，好像在恭迎皇帝的到来。

　　有专家猜测，这些石像的材质并不是很结实，而且脖子的位置比较细，应该很容易因外力因素而断裂。据史料记载，这里曾发生特大地震，所以石像的脖子很可能是被震断了。

一代天骄魂归处——成吉思汗陵

在内蒙古自治区鄂尔多斯市伊金霍洛旗甘德利草原上，屹立着一座蒙古包似的宫殿，它就是一代天骄成吉思汗的陵园——成吉思汗陵。

成吉思汗是杰出的军事家、政治家，原名铁木真，"成吉思汗"是对他的尊称，是"拥有海洋四方的大酋长""像大海一样伟大的领袖"的意思。他一路征战，统一蒙古诸部，建立了蒙古汗国。此后，他还多次发动对外的征服战争，一度将版图扩大到中亚和东欧地区，曾被西方称为"全人类的帝王"。1227 年，成吉思汗在征讨西夏时死于军中，时年 65 岁。

传说，成吉思汗在征讨西夏时路过鄂尔多斯，看到这里水草丰美，花鹿出没，认为是一块风水宝地，便嘱咐部下等他去世后将他埋葬在这里。成吉思汗去世后，运送其灵柩的灵车走到鄂尔多斯，车轮突然陷进沼泽里，怎么都拽不出来，因此人们将他的毡包和衣物安放在这里进行供奉。由于这只是传说，而且蒙古族因为频于迁徙和为了躲避战乱而盛行"密葬"，所以成吉思汗真正被埋葬在哪里，始终是个谜。现今的成吉思汗陵只是一座衣冠冢，而且还经过多次迁移，直到 1954 年才迁回故地伊金霍洛旗。

成吉思汗陵占地约 5.5 万平方米，虽然规模不算大，但颇具特色，加上陵园位于广阔的草原上，所以更显得雄伟而神秘。成吉思汗陵整体的造型就像一只展翅欲飞的雄鹰，具有典型的蒙古民族的艺术风格。陵内的主体建筑由 3 座蒙古式的大殿组成，它们之间由廊房相连，因此整座陵园可以分为正殿、寝宫、东殿、西殿、东廊和西廊六部分。图114

进入大门后，首先是成吉思汗的铜质雕像，高 21 米。高高的白色底座上，成吉思汗骑在一匹骏马上，手持"苏勒定"，凝望着前方。"苏勒定"是蒙古大旗上的铁矛头，成吉思汗生前在南征北战中用它指挥千军万马。整座雕像展现了成吉思汗征战沙场时的风姿。图115 雕像后面向北延伸的是一条长长的有多层台阶的路，这是成吉思汗圣道，由它可以到达陵宫。

正殿高 20 多米，平面是八角形的，白墙朱门，重檐蒙古包式殿顶，房檐则为蓝色琉璃瓦，穹庐顶上是黄色琉璃瓦，蓝、黄搭配，避免了单调。黄色琉璃瓦在阳光照射下，金光闪闪，显得十分高贵华丽。穹顶上部雕砌成云头花，这是蒙古民族所崇尚的图案。正殿内正中摆放着成吉思汗雕像，雕像高 5 米，成吉思汗身上穿着盔甲战袍，腰中佩带着宝剑，端坐在大殿中央，英明神武。雕像背后是一幅"四大汗国"的疆图，显示着当年成吉思汗统率大军征战中原、中亚和欧洲的显赫战绩。后殿则是寝宫，在这里安放着成吉思汗 3 位夫人的灵柩及成吉思汗的衣冠。它们供奉在 4 个用黄缎罩着的灵包中。灵包前摆放着一个大供台，台上除了放置香炉和酥油灯等祭奠之物外，还有成吉思汗生前用过的马鞍和一些珍贵的文物。

东、西两殿在正殿左右，比正殿稍矮，平面是不等边的八角形，也是白墙朱门。与正殿的重檐穹庐顶不同，配殿是单檐穹庐

图114　成吉思汗陵园主体建筑

图115 成吉思汗雕像

顶，顶上也铺有黄色琉璃瓦。东、西两殿供奉着对蒙古族有重要影响的人物。<u>东殿安放着成吉思汗的四儿子拖雷及其夫人的灵柩，拖雷生前继承了父亲成吉思汗的大部分军队，也做过监国，在君主外出或不能亲政时代理朝政。</u>而且他是元世祖忽必烈的父亲，所以他的地位极为显赫。西殿供奉着9面旗帜和"苏勒定"，9面旗帜象征着9员大将；"苏勒定"之所以被供奉起来，是因为它在蒙古人民心目中是十分神圣的，传说成吉思汗死后，其"灵魂"附在它上面。

现在的成吉思汗陵不仅供游人参观，还是蒙古族人祭祀的场地。祭祀成吉思汗陵是蒙古民族最庄严、隆重的活动，简称"祭成陵"。蒙古族祭奠成吉思汗的习俗在忽必烈时就已形成。现今鄂尔多斯市伊金霍洛旗的成吉思汗祭典，就是沿袭传说中古代的祭礼。成吉思汗祭祀一般分为平日祭、月祭和季祭，都有固定的日期。每年阴历三月二十一日为春祭，祭祀规模最大，也最隆重，人们会准备整羊、圣酒和各种奶食品，在这里举行隆重的祭奠仪式。

伍

出尘入世：阿弥陀佛的殿堂

佛教传入中国后，渐渐得到民众的信奉，加上统治者的扶持，最终与中国本土文化相融合，成为具有中国特色的宗教。伴随着佛教的兴盛，大量佛教建筑被建造，魏晋南北朝和唐代是佛教建筑发展的两个高峰时期，佛寺、佛塔、洞窟是其中最具代表性的建筑样式。

魏晋南北朝是一个佛教盛行的时期，与此相应，佛教建筑也非常流行。佛教在东汉时期传入中原，到了魏晋南北朝时期，统治阶层意识到佛教思想对统治百姓有很大的益处，于是开始大力推行佛教。佛教建筑便也应时而起，开始大量涌现。当时佛教建筑的主要形式有佛塔、佛寺和石窟。

佛塔也称为宝塔、浮屠，人们常说的"救人一命，胜造七级浮屠"，其中的"七级浮屠"就是指七层高的佛塔。佛塔的作用是安置和供奉舍利，并供佛教徒朝拜。在佛教中，佛塔是有神圣地位的。在佛塔传入中国之前，中国并没有塔式建筑。佛塔传入中国后，人们把佛塔缩小，变成塔刹，并与中国本土的木制阁楼相结合，创造出了木塔。当时最著名的木塔为永宁寺塔，这座塔高9层，为方形制式。由于木塔不易保存，南北朝时期的木塔虽然十分盛行，但没有一座能保存下来。幸运的是人们仍然可以从中国现存最古老的木塔——位于山西朔州的应县木塔，一窥木塔的建筑之美。它与意大利比萨斜塔、巴黎埃菲尔铁塔并称为"世界三大奇塔"。图116

在木塔之外，人们还发展出石塔和砖塔。相比于木制佛塔，石塔和砖塔更易于

图116　应县木塔

保存。**我国最古老的密檐式砖塔——建于北魏时期的河南登封嵩岳寺塔**，至今还留存着。图117

　　佛寺是佛教最基本的建筑，是僧侣居住和进行宗教活动的场所。中国的佛教是由印度传入的，因此，最开始佛寺的形式和布局与印度佛寺非常相似。佛寺的中央是佛塔，佛殿位于佛塔的后方。由于魏晋南北朝的统治阶层大力推行佛教，人们修建佛寺的热情也十分高涨，很多贵族官僚把自己的府邸贡献出来修建佛寺。北魏时期洛阳的很多佛寺，就是由贵族的府邸改建而来的。由于贵族府邸中多有私人园林，这些园林后来也成了佛寺的组成部分，人们也因此更喜欢游览佛寺。

图117　嵩岳寺塔

在佛教建筑中，石窟是最古老的形式之一，在印度被称为
"石窟寺"。石窟寺是在山崖上开凿出来的洞窟型佛寺，是僧侣居
住、修行的地方，其中包括僧侣聚会场地、居住地和修禅地。魏
晋南北朝时期比较著名的石窟有山西大同云冈石窟、河南洛阳龙
门石窟和山西太原的天龙山石窟。石窟中通常修建有佛像，那些
规模比较大的佛像，一般由皇室、贵族或官僚出资修建，并且窟
外多会用木构建筑进行加固。石窟中通常也有很多雕刻和绘画，
这些是历代都非常重视的艺术珍品。

与普通的佛寺相比，石窟寺有诸多不同。普通佛寺多为木制
建筑，<u>而石窟寺则是以石窟洞为主，有些会附加少量的土木
结构建筑</u>。普通佛寺都是沿着纵深布置的，而石窟由于环境限
制，总是依岩壁走势而建造。从建造时间和耗资来看，石窟因需
要开山挖石，耗资很大，所用的时间也比较长。

按功能布局来分的话，魏晋南北朝时的石窟建筑大致可以分
为三种类型：第一种是塔院型，这也是初期的风格，与佛寺置佛
塔于中央的格局一致。在大同云冈石窟中，这种类型的石窟寺较
多；第二种是佛殿型，这种石窟与普通的佛殿类似，窟中的主要
建筑为佛像；第三种是僧院型，这类石窟的主要功用就是为僧侣
修行提供场所。石窟中均设有佛像，周围布置着仅容一个僧人打
坐的小石窟。

经
幢

　　"经幢"的"幢"指的是中国古代仪仗中的旌幡，由
竿和丝织物做成。东汉时期佛教传入中原的时候，佛经
或佛像一般都书画在丝织物的幢幡上，后来为了使它们
保存长久而不遭到损坏，就改为雕刻在石柱上，称为经
幢。唐代开始出现一种经幢式塔，一般由莲花台座、棱
柱形幢身和宝盖幢顶三部分组成。幢身用来雕刻佛像或
刻写经文。这是一种带有纪念性意义和宣传价值的佛教
建筑。

沙漠里的千尊佛

莫高窟又叫千佛洞，位于甘肃的敦煌，在河西走廊最西端。它始建于十六国的前秦时期。据记载，一位叫乐尊的僧人路过这里，突然发现有万道金光，仿佛佛尊降临，于是便在这里开凿了第一个洞窟。之后，人们不断开凿，洞窟规模愈加扩大，历经北朝、隋、唐、西夏、元等多个政权

的兴建，形成了现有的规模。最初开凿的时候，人们将这里称为"漠高窟"，"漠高"的意思是"沙漠的高处"。后来因"漠"和"莫"通用，便逐渐改成了"莫高窟"。图118

莫高窟现有洞窟 735 个，泥质彩塑 2415 尊，壁画面积达到 4.5 万平方米。在世界现存的石窟艺术中，莫高窟是规模最大、内容最丰富的，被尊为佛教艺术圣地。

莫高窟分为南北两区，南区共有 487 个洞窟，是莫高窟的主

图118　敦煌莫高窟

体部分，僧侣们主要在这里进行宗教活动，洞窟内有壁画和塑像。北区有 248 个洞窟，其中只有 5 个存有壁画和塑像，其他均为僧侣修行、居住和瘗（yì）埋之地。

按石窟的建筑形式和功用，这些洞窟可分为中心柱窟、殿堂窟、覆斗顶型窟、大像窟、涅槃窟、禅窟、僧房窟、影窟等，另外还有少量佛塔。<u>窟型最大的高几十米，最小的连人都进不去</u>。石窟保留下来很多艺术作品，除了大量的壁画和泥质彩塑外，还有一些较为完整的唐代、宋代木结构窟檐，以及几千块莲花柱石和铺地石。这些都是很珍贵的古建筑实物资料。在这些作品中，有很多外来的艺术形式，反映了古人兼容并蓄的艺术态度。

莫高窟的壁画之博大精美，堪称绝世。<u>若将所有的壁画连起来横向排列，有如一间规模宏大的画廊</u>，因此人们也把莫高窟称作"墙壁上的图书馆"。这些壁画绘制在洞窟的四壁、窟顶和佛龛内，超过一半的洞窟都有分布。壁画的内容十分广泛，有佛教故事，有佛教的历史，还有神怪的故事。此外还有很多壁画描绘的是当时的民间生活，比如耕作、狩猎、纺织、战争、舞蹈、婚丧嫁娶等方面。这些壁画有的雄浑宽广，有的华丽动人，是不同时期艺术风格和特色的体现。（图119）

在莫高窟的壁画上，飞天可算是一个重要的角色，在多数壁画中都可看到飘逸多变的美丽飞天。<u>飞天是侍奉佛陀和帝释天的神，能歌善舞，是最能表现优美姿态的人物形象</u>。墙壁之上，婀娜多姿的飞天在浩渺的宇宙中随风飘舞，有的手捧莲花，一飞冲天；有的从空中扶摇而下，仿佛一个仙女坠落人间；有的穿过万水千山，宛如游龙嬉戏人间。各种各样的形象和姿态，为人们打造了一个优美而空灵的想象世界。

 图119 敦煌壁画

由于莫高窟所处山崖的土质比较松软，不太适合制作雕塑，所以莫高窟的造像除 4 座依山而建的大佛为石胎泥塑外，其余均为木骨泥塑。塑像都为佛教的神佛人物，有的是独立佛像，有的是组合佛像。组合佛像的中间通常是佛陀，两侧侍立弟子、菩萨、天王、力士等。这些佛像都很精致，与壁画同为石窟中的艺术珍品。

莫高窟第 96 窟是所有石窟中最高的一座，它的独特之处在于它的外附岩建有一座"九层楼"。这九层楼也成了莫高窟的标志性建筑。九层楼就处在崖窟的中段，与崖顶等高，远远望去巍峨壮观。九层楼的外观轮廓错落有致，檐角的位置系有风铃，声音十分悦耳。 图120 窟内有弥勒佛坐像，是泥塑彩绘。这尊佛像是中国国内仅次于四川乐山大佛和荣县大佛的第三大坐佛。容纳大佛的空间下部宽阔而上部狭窄，平面呈方形。楼外开设两条通道，既可供人们就近观赏大佛，又可透进光线照亮大佛的头部和腰部。

莫高窟的第 17 窟是著名的藏经洞，洞内有中国几个世纪以来的文书、纸画、绢画、刺绣等文物几万件，"藏经洞"也因此而闻名。藏经洞内塑有高僧洪辩的坐相，墙壁上绘有菩提树、比丘尼等图像；还有一通石碑，似乎还未完工，是洪辩的告身碑。洞中出土的文书，最晚的写于北宋年间，其中多半是写本，还有一些刻本，大部分用汉文书写，小部分为古代藏文、梵文、回鹘文、龟兹文等。文书内容主要是佛经，此外还有道经、儒家经典、小说、诗赋、史籍、地籍、账册、历本、契据等，其中不少是孤本和绝本。这些都是极珍贵的历史研究资料，由此衍生出专门研究这些文献的"敦煌学"。

图120　敦煌莫高窟"九层楼"

大雁塔巍然立大地

大雁塔位于陕西西安，坐落在慈恩寺西院内，始建于唐高宗永徽三年（652）。<u>相传玄奘法师去天竺取经，从天竺带回了许多佛像、舍利和梵文经典，</u>他亲自主持建造了大雁塔，用来供奉和珍藏这些宝物。不过到现在也没人知道，玄奘珍藏的那些宝物在大雁塔何处。 图121

大雁塔是一座砖仿木结构的塔，采用楼阁形式，整体为方锥形，平面为正方形。塔通高 64.7 米，共分 7 层，各层由青砖砌成。整座塔由塔基、塔身、塔刹三部分组成，许多地方都凸显唐代建筑的特点，显得严整大方。塔内各层都有楼板，设置有扶梯，可以直通塔顶。塔上珍藏着舍利子、唐僧取经足迹石刻等文物。 图122

大雁塔的塔基有 4 米多高，四面都开有石门，门楣上都有十分精致的线刻佛像。其中西门的佛像线条流畅，雕刻技法精妙，刻的是《阿弥陀佛说法图》，据说出自唐代画家阎立本之手。南门的门洞两侧嵌有两块石碑，分别是《大唐三藏圣教序》碑和《大唐三藏圣教序记》碑。<u>两块碑均由唐代书法家褚遂良书写，分别由唐太宗李世民和唐高宗李治撰文。</u>两碑规格相同，都是下宽上窄，碑座为方形，上面刻有图案，后人称两碑是"二圣三绝碑"。

图121

玄奘法师

图122　西安大雁塔

塔基上面是七层塔身。第一层有通天明柱，上面有 4 幅长联，描写了唐代的人物故事。楼梯处放有一块"玄奘取经跬步足迹石"，描写的是玄奘西天取经的传说。这一层的洞壁两侧还有许多题名碑，当时的文人名士有"雁塔题名"的风俗，因此这里留下了很多文人的手迹。另外这里还有叙述玄奘一生的"玄奘负笈像碑"和"玄奘译经图碑"。

在第二层的塔室内，供奉着大雁塔的"定塔之宝"——一尊铜质鎏金的佛祖释迦牟尼佛像。在两侧的塔壁上，有很多名人留下的书法手迹，多半是唐代诗人即兴所写，另外还有两幅文殊菩萨、普贤菩萨的壁画。

第三层塔室内存放有珍贵的佛舍利，相传是印度玄奘寺住持悟谦法师所赠，舍利放在一个木座上。

第四层塔室内供奉着两片长约 40 厘米、宽约 7 厘米的贝叶经，上面刻写着密密麻麻的梵文。古印度人采集贝多罗树的叶子，经过加工使其便于刻写保存。佛教徒们在叶子上书写佛教经典和画佛像，故称"贝叶经"。据说玄奘从印度带回了 600 多卷贝叶经，返回长安后就将其珍藏在大雁塔中。

第五层塔室有一块释迦如来的足迹碑，该碑是复制品，原碑为玄奘法师于陕西铜川玉华寺请石匠李天诏所刻制。碑上佛教内容丰富，有"见足如见佛，拜足如拜佛"的说法。

第六层塔室内悬挂有 5 首五言长诗，分别为杜甫、岑参、高适、薛据、储光羲所作。752 年晚秋时节，五人相约同登大雁塔，每人即兴作了一首诗，流传至今。其中，杜甫的题诗为压卷之作：

高标跨苍天，烈风无时休。

自非旷士怀，登兹翻百忧。

方知象教力，足可追冥搜。

仰穿龙蛇窟，始出枝撑幽。

七星在北户，河汉声西流。

羲和鞭白日，少昊行清秋。

秦山忽破碎，泾渭不可求。

俯视但一气，焉能辨皇州。

回首叫虞舜，苍梧云正愁。

惜哉瑶池饮，日晏昆仑丘。

黄鹄去不息，哀鸣何所投。

君看随阳雁，各有稻粱谋。

站在大雁塔第七层，可尽赏西安古城风景。在塔顶中央，刻有一朵大莲花，莲花分两层，共 28 片花瓣。其中内层的 14 片花瓣上分别刻有 1 个字，可连成两句诗，而且可以有多种不同的读法，其中一种读法为："人赞唐僧取经还，须游西天拜佛前。"

都料

汉唐时期，进行建筑设计与施工的群体发展成一个工种——都料。这些人的专业技术非常熟练，专门进行建筑设计与现场指挥。这是他们谋生的手段。他们首先会按照自己的规划，在墙上画出图线，然后指挥工人按照图线进行施工。房屋建成后，他们通常会在梁上留下自己的名字。一直到元代，人们仍在使用"都料"这个称呼。"都料"这一工种极大地促进了建筑艺术的发展。

钱塘江畔六和塔

六和塔位于杭州西南钱塘江滨的月轮峰下，始建于北宋开宝年间，是由一处私园改建而来的。后来六和塔在战火中损毁，遗存下来的砖木结构塔身是南宋绍兴年间重建的。元元统年间，重修了塔刹。清光绪年间，又重修了外面的木结构。关于六和塔名字的由来，有很多种说法，<u>被广泛采纳的解释是取自佛教中的"六和敬"思想</u>。图123

六和塔的塔基为八角形，塔身高约60米，雄伟壮观，站在塔上，可以直接观望钱塘江。六和塔的外面有13层木檐，而内部则只有7层，并且是砖石结构，每一层的中间有一个小室，为柱子、斗拱的仿木结构。塔内结构为"七明六暗"，即原有的7层与内部相通，另6层是封闭不可进入的。这样一来，塔就分成了外墙、回廊、内墙和小室四部分，构成内外两环。

在塔的外环的四面墙身辟门，因为墙厚达4米，所以进门后，就形成了一条甬道，穿过甬道，里边就是回廊。内墙的四边也有门，门与门之间凿有壁龛。每个门的门洞内也由于壁厚关系形成了甬道，甬道直通塔中心的小室——塔心室，即塔的内环。在壁龛里面嵌有一些石刻，刻的是《四十二章经》。《四十二章经》是《佛说

图123　六和塔

四十二章经》的简称，为佛教经典，内容是把佛说的某一段话称为一章，将其中的四十二段话编集成四十二章经。塔中心的小室为仿木建筑，原本是供奉佛像所用。

　　六和塔中多处设有须弥座，如壁龛下或内壁上。壁龛内多置砖雕，内容丰富多彩，比如盛开的石榴、荷花，奔跑的狮子、麒麟，翱翔的凤凰、孔雀，等等。这些砖雕十分符合宋代李诫所著《营造法式》一书中的描述，为古建筑研究提供了珍贵的实物资料。

　　六和塔的建造缘由和其他普通佛塔不同，并非单纯因佛教而建，主要是为了镇压钱塘江潮。据说一位叫智觉禅师的和尚看到钱塘江潮肆虐，给沿岸百姓带来很多灾难，于是在月轮峰下建造佛塔，用来镇压江潮。建成之后的塔有9级，高50

多丈，里面还珍藏有舍利子。传说在六和塔建成之后，钱塘江潮果然不再肆虐，沿江百姓深受其福。而且在建六和塔之前，江上的渔船航行经常发生事故，而六和塔建成之后，塔上的灯光可作为引航之用，大大降低了江上船只发生事故的概率。

除了镇压江潮和引航之用，六和塔还是极佳的观赏钱塘江大潮的地方。钱塘江畔观潮的风气一直长盛不衰，每年都有大量游人前去观赏，而选择一个好的观潮位置，极为重要。自宋代以来，六和塔便成了观潮的胜地，宋代的郑清之曾有诗句描述自己无缘登塔的遗憾："径行塔下几春秋，每恨无因到上头。"

《营造法式》

北宋时，王安石推行变法，要求制订各种财政、经济条例，这催生了我国古代最完整的建筑书籍——《营造法式》。编辑《营造法式》的目的是建立设计与施工标准，保证工程质量，节省国家建筑开支。

《营造法式》的作者是李诫，他将历代工匠相传下来的建造方法辑录起来，并对建筑物的用料给出了尺度标准，不仅使建造省时省力，工料估算也有了统一的标准。这本书对当时宫廷建筑的建造方式有极大的影响，甚至影响到了江南的民间建筑。

『皇家第一寺院』雍和宫

雍和宫位于北京东城区内城的东北角，它原是明代的内官监官房。清代康熙帝在这里建造府邸，并赐予皇四子胤禛（zhēn），后来胤禛晋升为和硕雍亲王，贝勒府也就随之成为雍亲王府。胤禛继承皇位成为雍正皇帝后，因对这里有很深的感情，于是赐名"雍和宫"，作为自己游玩时临时居住

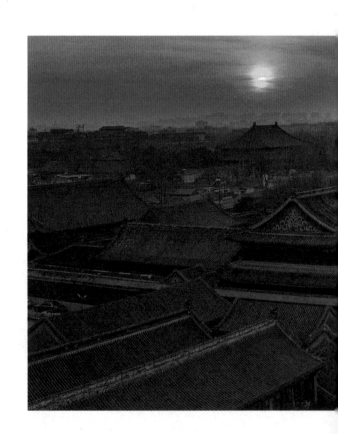

的行宫。"雍和宫"的名字也从此正式确定下来。

　　1735 年，雍正皇帝驾崩，乾隆即位，他将雍正皇帝的梓棺安放在雍和宫内，后来又将棺椁移走。1744 年，乾隆皇帝将雍和宫改为藏传佛教寺庙。其实，在这之前的近 10 年里，雍和宫中的许多殿堂已经成了藏传佛教喇嘛诵经的地方。

　　1983 年，国务院将雍和宫确定为汉族地区佛教全国重点寺院，可以说雍和宫是中国规格最高的一座佛教寺院。雍和宫

图124　鸟瞰雍和宫

由五进大殿组成，它们分别是天王殿、雍和宫大殿、永佑殿、法轮殿和万福阁。整个布局从南向北逐渐缩小，而殿宇则依次升高，形成正殿高大而重院深藏的格局，具有汉族、满族、蒙古族和藏族等多民族特色。

雍和宫最南面是大门和一座巨大的影壁，还有一对石狮，东、西和北面各有一座牌楼，穿过北面的牌楼向里走，是一条长长的辇道，由方砖砌成，两边绿树成荫。穿过辇道，便是雍和宫的大门——昭泰门，东、西两侧分别是钟楼和鼓楼，鼓楼旁边有一口大铜锅，重8吨，相传曾用来熬腊八粥。再向北便是八角碑亭，亭中的碑文记载着雍和宫的历史，用汉、满、蒙、藏4种文字书写。

在两座碑亭中间的正北面，是雍和门，上面悬挂的"雍和门"大匾是乾隆皇帝亲手书写的。进入雍和门就是天王殿，殿前有造型生动的青铜狮子，殿内正中是弥勒菩萨的塑像。弥勒袒胸露腹，笑容可掬地坐在金漆雕龙宝座上。大殿两侧是四大天王的彩色塑像，他们都脚踏鬼怪，神态、动作栩栩如生。弥勒塑像后面是脚踩浮云、戴盔披甲的护法神将韦驮。

天王殿北面，穿过御碑亭，是雍和宫大殿。主殿原名银安殿，是当初雍亲王接见文武官员的场所，改建后，相当于寺院的大雄宝殿。殿内供奉着三世佛像，铜质，近2米高。正北面是一组佛像，有3座，中间是释迦牟尼佛，左边是药师佛，右边是阿弥陀佛，这3尊佛是横向空间世界的三世佛，各地大雄宝殿多供奉这样的横三世佛。除此之外，在殿内东北角供奉着观世音立像，西北角供奉着弥勒佛立像。殿中两边端坐着十八罗汉。

在雍和宫大殿的东、西两端，分别有密宗殿、药师殿、讲经殿和数学殿，被称为"四学殿"。

最北边的大殿则是万福阁。万福阁高25米，有飞檐三重。**阁内巍然矗立着一尊高18米的弥勒佛，由名贵的白檀香木雕刻而成**，是七世达赖喇嘛的进贡礼品。这尊大佛也是雍和宫木雕三绝之一。万福阁东面是永康阁，西面是延绥阁，两座楼阁有飞廊连接，像是仙宫楼阙，具有辽金时代的建筑风格。

　　值得一提的还有雍和宫的琉璃瓦。雍和宫主要殿堂的琉璃瓦原为绿色，雍正皇帝驾崩后，因在这里停放过灵柩，故将绿色琉璃瓦改为黄色琉璃瓦。又因乾隆皇帝也在这里出生，雍和宫出了两位皇帝，成了"龙潜福地"，所以殿宇改为黄瓦红墙，与紫禁城皇宫的规格一样。

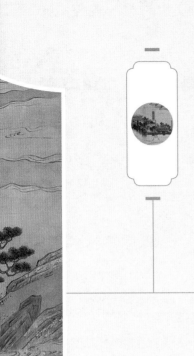

天人合一：
以假乱真的山水园林

园林是指经人为改造或创造的自然风景，供人们游览、休息之用。有山有水是中国园林的最大特色，意在追求人与自然的完美结合，力求达到人与自然的高度和谐，实现「天人合一」。

留园：曲径通幽的「小家碧玉」

提起苏州园林，留园可说是一个避不过的话题。苏州的留园以其建筑布局巧妙、奇石林立而闻名，与苏州拙政园、北京颐和园和承德避暑山庄并称为"中国四大名园"。

留园为明代万历年间所建，是太仆寺少卿徐泰时的私家园林，当时称为"东园"。后来东园渐渐荒废，在清代乾隆时期，园子的主人换成了一个名叫刘恕的人，园名随即改为"刘园"。刘恕对原来的园子进行了大量改建，引入了许多奇石，并为此撰写了许多文章。到同治年间，园子为盛康所得。盛康将园名保留了音而更换了字，称为"留园"。

留园按布局可分为东、中、西、北四部分。东部主要为建筑，中部以山水见长，西部主要是山景，北部多盆景。东部的主体建筑为亭台楼阁等，这些建筑围成庭院，各个门户之间交互重叠，形成了富于变化的建筑景观。其中的游廊和西部的爬山廊相连接，贯穿了整个园林。中部以水池为主，兼有假山，形成山水映照的景致；假山上有闻木樨（xī）香轩，可以俯瞰整个园子的景色。西部以假山为主，山林葱郁。北部花果繁茂，呈现一派田园风光。各部分之间的景色并不是孤立的，而是通过各建筑之间的漏窗、门洞，相互勾连映衬，隔而不断。

留园有三绝，分别是冠云峰、楠木厅和雨过天晴图。

冠云峰是留园中的庭院置石，是江南园林中最高、最大的一块。冠云峰兼具太湖石四奇——瘦、皱、漏、透，堪称太湖石中的绝品。为了观赏奇石，在冠云峰的周围建有冠云楼、冠云亭、冠云台、待云庵等建筑。据说，冠云峰原本是北宋末花石纲中的一块奇石。当时宋徽宗不顾北方的紧张战事，在京城大肆兴建宫殿园林，供自己游玩。为了修建园林，他下旨搜集奇花异石，号称要将天下的奇珍都放在宫廷中。当时负责采办的人叫朱勔（miǎn），他下令人们把所有的奇花异石上交，如果敢反抗，就治以不敬皇帝的罪名。最终，这种行为激起民变，方腊带领农民发动了起义，起义军的一个口号就是"杀朱勔"。不久之后，宋徽宗被俘，搜集奇花异石的事也就不了了之。一些搜集来的奇石还没来得及运到京城。冠云峰就是其中之一。 图125

楠木厅因其梁柱均为楠木，故得名。楠木厅又叫"五峰仙馆"，"五峰"的名字来源于李白的诗句："庐山东南五老峰，青天削出金芙蓉。"楠木厅是留园内最大的厅堂，为五开间，分前后两厅，中间用纱隔屏风隔开，前厅的面积约占整个楠木厅的三分之二。为了让楠木厅看上去空间层次感更强，厅中的家具摆放十分讲究。正厅中间设置有供桌、天然几、太师椅等家具，左右两边分别设置有茶几和椅子，这些家具将正厅的空间分隔成明间、次间和梢间等不同的部分。为了增大厅内的视觉空间，在东、西两边的墙上还分别设置了一列阔大而简洁的窗户。坐在厅里的人可以直接透过窗户观赏庭院中的风景。这也是风景的一种借鉴法，同时保证了厅中有比较充足的光线。这种设置使得楠木厅摆脱了一般厅堂的阴暗压抑的感觉，让人感到非常亮堂。

图125　冠云峰

　　"雨过天晴图"是一幅大理石天然画，保存在楠木厅内，是留园的珍贵宝物。图画直径为1米左右，厚度大约有15毫米，其表面中间部分的纹络好像重重叠叠的群山一样，下面有飞淌的流水，上面有飘逸的行云，在正中上方有一个白色的圆斑，看上去就如一轮明月或艳阳。这幅石屏山水画是天然形成的，产自云南点苍山。让人百思不得其解的是，这样一块又薄又大的大理石，是怎样丝毫未损地从那么远的云南运到苏州的。

拙政园：『尘世桃花源』

　　拙政园位于江苏苏州，是苏州规模最大的古典园林之一，也是中国四大名园之一。该园始建于明代正德年间，为御史王献臣归隐苏州后所建，前后共用了16年时间，聘请了当时的著名画家文徵明参与园林的设计。"拙政园"的名字，取自西晋文人潘岳《闲居赋》中的句子："筑室种树，逍遥自得……此亦拙者之为政也。"在之后的几百年里，拙政园屡易其主，并不断更名，一直到近代才恢复"拙政园"这个名字。

　　整个拙政园原本是浑然一体的，但是经过多次重建和修整，逐渐分成了几个相互独立的部分。到了清末，拙政园形成了东园、西园、中园和住宅四部分，其中住宅是典型的苏州民居。

　　东园大约占地31亩（1亩约为667平方米），原本名叫"归园田居"，是明代侍郎王心一所取。该园总体上采用明快的风格，以山水、草木为主，搭配有亭台。园子中央为涵青池，池北有兰雪堂，周围栽种着梅、竹等植物。在池南有一座缀云峰，峰下有一个小山洞，名为"小桃源"，其布置和名字均来源于陶渊明的《桃花源记》。

　　西园面积约12.5亩，原本名为"补园"。其布局紧凑，曲水环绕，依水建有亭

图126　拙政园

台楼榭。在西园中有一处三十六鸳鸯馆，为园内的主要建筑，是主人宴请宾客和听曲的场所。其名称的由来，是当初这里养了36对鸳鸯。在三十六鸳鸯馆的周围有曲尺形的水池，沿池建有回廊，在回廊中可观赏到别致的水景。馆内窗户上嵌有蓝色玻璃，在天气晴朗的时候，透过玻璃看窗外的景色，就好像在观赏雪景。

中园面积约为18.5亩，是拙政园的主要景区，全园的精华都在这里。园中各处景观虽然经历多次变迁，但总体上仍然保持了明代园林质朴、明朗的风格。中园以水为中心，水中堆有假山，沿水建有很多亭榭，方便观赏水景。中园的主建筑为远香堂，是主人宴请宾客的地方。同时，远香堂也是拙政园的主建筑，园林的各个景观都是以远香堂为中心而展开的。远香堂临水而建，是一座四面大厅，周围都是落地玻璃窗，在厅里就可以将周围的景色一览无余。远香堂正中的匾额上，写着"远香堂"三字，是文徵明亲笔所写。

在远香堂的北面，有两座假山位于池中，两山之间以溪桥相连。西面山上有雪香云蔚亭，又叫"冬亭"，是园中最适合赏梅的地方。亭子的柱子上挂着一副文徵明所书的对联——蝉噪林逾静，鸟鸣山更幽。亭的中央有一块匾额，写着"山花野鸟之间"六字，是元代倪瓒（zàn）的手笔。东面山上也有一个亭子，名叫"待霜亭"。在远香堂的东面，也有一座小山，小山上有"绿漪亭"。在远香堂周围的水池中，种有很多荷花，因此有很多建筑都是用于赏荷花的，比如远香堂西面的"倚玉轩"和北面的"荷风四面亭"。

文徵明作为拙政园的主设计师，曾在《王氏拙政园记》中记述了部分建园过程。在建园之始，他就发现这里土质松软，积水比较多，不适合盖大量建筑。所以文徵明因地制宜，以水为主体，兼以假山绿植来营造各个景点，并在其中暗喻诗画中的意趣典故。园中很多对联和诗都是文徵明手书，也有许多植物为文徵明亲手所种，可见当时文徵明为此园花费了相当大的心力。

风水与建筑

明代时，风水对建筑的影响已达到极致，尤其是对于建筑的选址。在施工之前，建造工匠往往会倾听风水师的意见。不只是民间的建筑，就连佛寺或帝王陵墓等大型建筑，都会受风水观念影响。

皇家园林博物馆——颐和园

颐和园位于北京西北郊的海淀区，占地约 290 公顷（2.9 平方千米），是中国现存规模最大、保存最完整的皇家园林，被誉为"皇家园林博物馆"。图1.27

颐和园的前身是清漪园。乾隆皇帝为了给皇太后庆祝六十寿辰，大兴土木，在山巅建造大报恩延寿寺，并将这座山改名为万寿山。后来乾隆帝又以兴水利、练水军为名，扩展湖面、修筑水堤，形成了大规模的园林，这便是清漪园。鸦片战争后，列强大肆侵略中国，1860 年英法联军占领北京，抢掠并毁坏了清漪园。1888 年，慈禧太后用海军军费重新修建了这座园林，并改名为颐和园，取"颐养冲和"之意。1900 年八国联军侵华时又毁坏此园，两年后慈禧太后重新修整，并添建了不少建筑物，基本形成了现存的颐和园的布局。

颐和园以万寿山和昆明湖为基址，仿照杭州西湖风景，吸取江南园林的设计手法，建造成一座大型天然山水园，是慈禧太后用来消夏游乐的场所。

颐和园规模宏大，主要由万寿山和昆明湖两部分组成，园中建筑按照功能大致分为三个区域。政治活动区以仁寿殿为代表，是慈禧太后与光绪皇帝从事内政、外交等活动的主要场所。生活区以乐寿堂为代表，

 颐和园

是慈禧太后、光绪皇帝及后妃居住的地方。风景游览区由万寿山和昆明湖等组成，主要供慈禧太后等皇室成员游玩。整座园林由南到北可以分为昆明湖、万寿山及后湖三部分。

颐和园的水面面积约有220公顷（2.2平方千米），占全园面积的四分之三，由昆明湖、西湖及南湖组成，其中昆明湖是颐和园的主要湖泊。湖中碧波荡漾，烟波浩渺，景色十分美丽。昆明湖东岸是一道拦水长堤，湖中也有一道自西北向南的西堤，西堤及其支堤把湖面划分为三片大小不等的水域，每片水域各有一个湖心岛。这三个湖心岛象征着中国传说中的东海三神山——蓬莱、方丈、瀛洲。湖堤的分割也使湖面显得更有层次。西堤及堤

上的 6 座桥是模仿杭州西湖的苏堤和"苏堤六桥"，这使昆明湖越发神似西湖。

　　十七孔桥坐落在昆明湖上的东堤和南湖岛之间，宽 8 米，长 150 米，由 17 个桥洞组成，为园中最大石桥。石桥两边栏杆上雕有几百只形态各异的石狮。东桥头北侧有用铜铸造的铜牛，称为"金牛"，用于镇压水患。

　　颐和园的大部分殿宇建筑都是依万寿山而建的。万寿山的东南角是颐和园的正门，也就是东宫门。东宫门当时只供清代帝后出入，门前的云龙石上雕刻着二龙戏珠，象征着皇帝的威严。这是从圆明园废墟上移来的，为乾隆时所刻。6 扇大门也装饰得十

图128　十七孔桥

分尊贵华丽，朱红色大门上嵌着整齐的黄色门钉，中间檐下挂着九龙金字大匾，上刻光绪皇帝亲笔题写的"颐和园"3个大字，门楣檐下还全部用油彩描绘着绚丽的图案。

进入东宫门之后是一片密集的宫殿，这是清代皇帝从事政治活动和生活起居的地方。其中离东宫门最近的仁寿殿是皇帝朝见群臣、处理朝政的正殿，两侧有南北配殿，各有9间房屋，称为"南北九卿房"，殿中陈列着精美的铜龙、铜凤和铜鼎。仁寿殿的北面是德和园，园中有为庆贺慈禧太后六十寿辰所建造的大戏台，据说建造这个大戏台耗费了白银70多万两。德和园西面的乐寿堂是寝宫，它面临昆明湖，背倚万寿山，东达仁寿殿，西接长廊，是园内位置最好的居住和游乐的地方。乐寿堂殿内设宝座、御案及玻璃屏风，另有2只青龙花大磁盘和4只大铜炉。乐寿堂的庭院中陈列着铜鹿、铜鹤和铜花瓶，取意为"六合太平"。院内种植着寓意"玉堂富贵"的玉兰、海棠、牡丹等花卉。

乐寿堂西面连接着长廊，它沿昆明湖岸而建，东起邀月门，西到石丈亭，全长728米，是中国园林中最长的游廊，也是现今世界上最长的长廊，已列入吉尼斯世界纪录。长廊的每根枋梁上都有彩绘，约有14 000余幅，内容包括山水风景、花鸟鱼虫、人物典故等。

在长廊西端的湖边，有一条大石船，叫清晏舫，取"河清海晏"之意。石舫长36米，用巨石雕刻堆砌而成，船身建有两层船楼，船底花砖铺地，窗户为彩色玻璃，顶部砖雕装饰，是颐和园内唯一带有西洋风格的建筑。下雨时，落在船顶的雨水通过四角的空心柱子，由船身的4个龙头口排入湖中，设计十分巧妙。

处在宽旷的万寿山前山中心的是排云殿和佛香阁，它们是全园的主体建筑。排云殿是园中最堂皇的殿宇，用来礼拜神佛和举行典礼。佛香阁则是全园的制高点，高 41 米，八角三层四檐。佛香阁后面的山巅有琉璃无梁殿"智慧海"，它是万寿山顶最高处的一座宗教建筑，外层用黄、绿两色琉璃瓦装饰，上部用少量紫、蓝两色琉璃瓦盖顶，色彩鲜艳，富丽堂皇。嵌于殿外壁的千余尊琉璃佛，十分富有特色。这座殿堂全部用石砖砌成，没有承重的梁柱，所以称为"无梁殿"。殿内供奉了无量寿佛，因此也称为"无量殿"。

万寿山的后山有狭长而曲折的湖水，称为"后湖"，周围林木茂密、环境幽邃。其中有一段名为"苏州河"，临苏州河的是"苏州街"，是仿照苏州街道市肆而建的。

颐和园既具有中国皇家园林的恢宏富丽的气势，又充满自然之趣，高度体现了"虽由人作，宛自天开"的造园准则，集造园艺术之大成，在中外园林艺术史上有显著地位。

清代园林

园林建筑是清代建筑的最大成就。清代的皇家园林数量多、规模大，在园林中不仅可以游玩，还可以居住和办公等。实际上，清代皇帝大部分都在园中居住与处理朝廷事务，可以说皇家园林已成为实际的宫廷所在地。清代建造的皇家园林，是中国封建社会后期造园艺术的精华。当时北方是全国的政治中心，而南方则是全国的经济中心，江南地区有很多官僚富商效仿皇帝，也竞相建造私家园林。这些私家园林中以扬州和苏州最为集中和著名。与皇家园林相比，它们使用白墙、灰瓦、青竹，十分清新朴素，园中叠山造池也十分精致。

一座恭王府，半部清代史

恭王府位于北京西城区，是清代规模最大的一座王府，曾先后作为乾隆时期的权臣和珅、嘉庆皇帝的弟弟永璘的宅邸，后来赐给清末重臣恭亲王奕䜣（xīn），恭王府的名称也因此得来。恭王府历经了从清乾隆到宣统七代皇帝的统治，见证了清王朝由鼎盛至衰亡的历史过程，承载了极其丰富的历史文化信息，历史地理学家侯仁之曾评价："一座恭王府，半部清代史。"图129

乾隆四十一年（1776），和珅开始修建他的豪华宅第，时称"和第"。后来嘉庆登基，将和珅革职抄家，"赐令自尽"，将宅子赐予弟弟庆僖亲王永璘。咸丰皇帝继位后，遵照道光帝遗旨，封其异母弟奕䜣为恭亲王，同年将这座府邸赏赐给他居住。恭亲王奕䜣成为这座宅子的第三代主人，恭王府的名称也由此沿用至今。

恭王府占地面积达 6 万多平方米，而且占据着北京城绝佳的位置。史书上曾描述它为"月牙河绕宅如龙蟠，西山远望如虎踞"。据说北京有两条"龙脉"，故宫一脉是土龙，后海与北海一线是水龙，而恭王府正好在后海与北海的连接线上。恭王府分为府邸和花园两部分，由南向北，府邸在前，花园在后。

图129　恭王府

　　府邸有一条严格的轴线贯穿，并由多个四合院落组成。
建筑占地3万多平方米，是亲王府的最高规制。府邸分为东、
中、西三路，中路最主要的建筑是银安殿和嘉乐堂，东路的主要
建筑是多福轩和乐道堂，西路的主体建筑为葆光室和锡晋斋。

　　府邸的中路轴线有两进宫门，南面的是一宫门，也是王府的
大门，三开间，门前有一对石狮子；北面是二宫门，五开间。进
入二宫门向北就是中路正殿，名为银安殿，俗称银銮殿，是王府
最主要的建筑，只有在重大节日和重大事件时才会打开。银安殿
原来有东西配殿，但因为不慎失火，东西配殿和正殿都被焚毁，
现在的银安殿是后来复建的。银安殿北面是嘉乐堂，是和珅时期
的建筑。在恭亲王时期，嘉乐堂主要作为王府的祭祀场所，里面

供奉着祖先、诸神等牌位。银安殿和嘉乐堂的屋顶都采用绿色琉璃瓦，是一种威严的象征，体现了亲王身份。

处在东路南面的是多福轩，是奕䜣会客的地方，为五架梁式的明代建筑风格。厅前有一架长了两百多年的藤萝，至今仍长势良好。多福轩北面是乐道堂，是奕䜣生活起居的地方。

西路南面是葆光室，正厅为五开间，两旁各有耳房3间，配房5间。由葆光室向北穿过天象庭院是锡晋斋，两边也有东西配房各5间。锡晋斋高大气派，大厅内有雕饰精美的楠木隔断。据说，这是和珅仿照紫禁城中的宁寿宫的式样修建的，属于逾制，和珅被赐死有"二十大罪"，这是其中之一。

在整个府邸的最北面，也就是府邸的最深处，横着一座两层的后罩楼，东部为瞻霁楼，西部为宝约楼，东西长达180米，内有111间房，俗称"九十九间半"，取道教"届满即盈"之意。

整个府邸北面，也就是恭王府的另一部分——恭王府花园，名为萃锦园。与府邸相呼应，花园也分为东、中、西三路。

正门坐落在花园的中轴线上，名为西洋门，是一座具有西洋建筑风格的汉白玉石拱门，门内左右有青石假山。正对着门耸立的是独乐峰，是一块长条形太湖石；后面则是一座蝙蝠形水池，称蝠池。"蝠"通"福"，具有美好的意义。蝠池向北有一座五开间的正厅，是安善堂，有东西配房各3间。安善堂后面有一座假山，由众多太湖石形成，山下有洞，叫秘云洞。著名的"福"字碑就在这个洞里。据说，康熙皇帝的祖母孝庄皇太后在六十大寿之前突然身患重病，康熙帝亲手写了这个暗含"子、才、多、田、寿"五字、寓意"多子多才多田多寿多福"的"福"字，在大寿之日献上，孝庄皇太后的身体竟然奇迹般康复了。又因为康熙皇帝极少题字，所以这个"福"字碑极其珍贵，被称为

"天下第一福"。假山上则是名为邀月台的 3 间敞厅。中路最后有正厅 5 间，因为形状像蝙蝠的两翼，所以叫作"蝠厅"。

花园东路最主要的建筑是大戏楼。大戏楼正厅内装饰着枝繁叶茂的藤萝，使人有一种在藤萝架下观戏的感觉。

西路最南面有一段 20 多米的城墙，其门称作榆关。榆关内有 3 间敞厅，名为秋水山房。秋水山房东面的假山上有一座名为妙香亭的方亭。秋水山房西侧有 3 间房屋，名为益智斋。在榆关正北有一座巨大的方形水池，占据着花园西部的大部分面积，池中心有观鱼台。池北有五开间卷房，名曰"澄怀撷秀"。

恭王府的府邸富丽堂皇，花园幽深秀丽，民间有传闻，说《红楼梦》中的荣国府就是根据恭王府来写的，但是其真实性还有待考证。

入门·经典·阅读图谱

《认识建筑:丰子恺建筑六讲》

丰子恺 著

北京日报出版社,2017 年

《穿墙透壁:剖视中国经典古建筑》

李乾朗 著

广西师范大学出版社,2009 年

2

4

1

3

5

《不只中国木建筑》

赵广超 著

中华书局,2018 年

《建筑的故事》

［英］帕特里克·狄龙 著

［英］斯蒂芬·比斯蒂 绘

姜南菲、吴婧 译

北京联合出版公司,2019 年

《紫禁城100》

赵广超 著

故宫出版社,2015 年

《华夏意匠:
中国古典建筑设计原理分析》

李允鉌 著

天津大学出版社，2014 年

《中国建筑史》《图像中国建筑史》

梁思成 著

生活·读书·新知三联书店，2011 年

⑥

⑧

⑦

⑨

《雕刻大地:林璎和她的艺术世界》

［美］林璎等 著

陈晓宇、奚雪松 译

湖南文艺出版社，2020 年

《建筑:形式、空间和秩序》

（第四版）

［美］程大锦 著，刘丛红 译

天津大学出版社，2018 年